21世纪高职高专规划教材 · 公共课系列

应用数学基础（第2版）

主　编　阳永生　戴新建
副主编　汤　燕　黄玉兰

Applied Mathematics Foundation

中国人民大学出版社
· 北京 ·

编委会

第 2 版前言

随着社会的发展，人们更加依赖对各种信息与数据的统计、分析与处理，更加感受到数学知识在科技前沿及日常工作与生活中的重要性，社会各行业对高职学生在数学应用和数据处理等方面的数学素养提出了新的、更高的要求．顺应时代发展的趋势，培养学生用数学的意识和能力，注重学生数据素养的提升，是高职数学教学改革的重要内容，是增强学生职业技术教育适应性的重要方面．正是基于上述考虑，我们修订出版了本教材第 2 版．

本教材的编写宗旨是以应用为目的，紧密结合高职学生可能面临的工作和生活中常见的数学问题，系统地介绍相关数学思想和数学工具，并结合 Excel 软件的使用，培养学生正确运用所学的数学知识解决实际问题的能力．同时，本教材力求语言通俗、深入浅出地阐述数学的基本原理，淡化烦琐的理论叙述与证明，突出表现解决问题的基本思想和基本步骤，尽量采用几何解释、图表和案例加深对概念及方法的理解；力求符合高职学生喜欢动手的认知特点，通过实训项目的设计，培养学生分析与解决问题能力、创新能力，提高学生综合素质；力求培养学生辨识使用正确方法的能力。除此之外，本教材还有以下几方面的特色：

在内容选取方面，大胆突破传统的以学科门类为主线的设计，采取以主题的形式选取教学素材．教学内容围绕学生用数学的意识、数据意识、关系描述意识和对决策的优化意识等展开，切实提高高职学生的数学素养．

在教学方法方面，坚决摒弃传统讲练结合的数学教学方法，而是通过问题驱动贯穿教材始终，通过问题把不同部分内容联系起来，保证了同一主题下知识的逻辑连贯性．通过问题把知识划分为一个个小主题，可以更灵活地在数学教学中融入慕课、微课和翻转课堂等新型教学模式．

在教学手段方面，彻底改变唯有用手算才能提升学生数学能力的观念，在聚焦内容的同时，树立将大运算量、机械性数学劳动交给 Excel 去完成的理念．通过融入 Excel 辅助计算的内容，拓宽了数学素材选取的局限性，优化了教学过程．

本教材共分为 5 章，完成全部教学内容大约需要 56 学时，其中，理论部分约 40 学时，实训部分约 16 学时．

本教材由长沙民政职业技术学院阳永生、戴新建任主编，汤燕、黄玉兰任副主编．具体编写分工为：第一章由廖仲春编写；第二章由汤燕编写；第三章由罗幼芝编写；第四章由戴新建编写；第五章由阳永生编写；实训部分由戴新建、黄玉兰编写．全书由阳永生、戴新建统稿，盛光进、王涛、刘福保、李占光等老师也参与了编写工作．

感谢长沙民政职业技术学院原党委副书记、常务副校长刘洪宇教授一直以来对我们教学改革的指导和支持，在百忙之中通读本书，并提出了许多高屋建瓴的修改意见．

感谢中国人民大学出版社的编辑所付出的辛勤劳动。正是因为他们的帮助，本书才得以顺利出版．

编写教材是一项影响深远的教育工作，我们深感责任重大．但是由于本书体例的原创性，可供借鉴的思路和教材很少，限于编者水平，错误和欠妥之处在所难免，敬请批评指正，并将意见和建议反馈给我们．

编者

2021年4月

目　录

CONTENTS

第一章

消费者数学

作为一个人，从出生的那一刻起，便是一位消费者. 生活的方方面面都涉及理财的问题. 有理财专家曾说过这样的话：一元钱的节省，就是一元钱的赚得. 因此，作为一位细心的消费者，可以认识到这里的一元钱的节省，不是通过节衣缩食、斤斤计较、日积月累的积攒，而是掌握消费者数学，掌握一定的理财原理. 如果你懂得利息的原理，你就可以提高你的投资价值，或者将你的负债损失降到最低. 本章的内容将帮你解决如下典型的理财问题：

（1）如果你通过贷款支付大学学费，你需要支付的利息是多少呢？

（2）为了买回心爱的笔记本电脑，尝试信用卡分期付款，每期支付金额是多少呢？

（3）如果你每月可以支付 200 元，那么你目前可以买得起的汽车的最高价格是多少呢？

（4）有了一份收入不错的工作，你知道工资和年终奖怎么纳税吗？

你在生活中将遇到许多这样的问题. 当你学过有关利息、贷款等数学理论后，你将学会怎样安排你绝大部分的钱，并且能够很快地解决你的家庭财务问题.

第一节 利 息

多年来，储蓄作为一种传统的理财方式，早已在人们的思想观念中根深蒂固．储蓄是一种安全系数高、提取方便的理财方式．就储蓄本身而言，不同种类的储蓄收益各有不同，不同的储蓄路径收益也不同．在了解具体的储蓄工作原理之前，我们先对与储蓄有关的基本概念、术语做一下基本介绍．

概念 1　利息就是借款人为利用借出人的钱而付给借出人的回报．借出人挣得利息，借款人支付利息．

为买房、买车或度假筹钱的一个办法是把钱存入银行并使它产生利息．一方面，银行利用你的钱向其他人贷款，并且付给你利息作为对使用你的资金的回报；另一方面，如果你从银行借钱，你将支付利息给银行．

概念 2　现值，又称本金，是指未来某一时间点上的一定量现金折合到现在的价值．

概念 3　终值，又称将来值或本息和，是指现在一定量的资金在未来某一时间点上的价值．

计算利息有两种方法：单利和复利．

概念 4　单利只按照本金计算利息，其所生利息不再加入本金重复计算利息．

为了后面表达的方便，先定义下面的符号：

r——利率　　PV_0——现值（本金）

t——时间　　FV_t——终值（将来值或本息和）

假设本金 PV_0，单利计息 1 年，则 1 年后它的终值变为：

$$FV_1=PV_0+rPV_0=PV_0(1+r)$$

2 年后的终值：

$$FV_2=FV_1+rPV_0=PV_0(1+r)+rPV_0=PV_0(1+2r)$$

t 年后的终值：

$$FV_t=PV_0(1+tr)$$

例 1 春节过后，某同学收到 2 500 元的压岁钱，他将这笔钱存到年利率为 4.14% 的银行，若利息按单利计算，5 年后该同学账户上的金额总共有多少？

解 由题意得 $PV_0=2\ 500$，$r=4.14\%$，$t=5$

$$FV_t=PV_0(1+tr)$$

$$FV_5=2\ 500\times(1+5\times 4.14\%)$$

$$=3\ 017.5(\text{元})$$

5 年后该同学账户上的金额总共有 3017.5 元.

生活中，为了能够在几年内积攒够用的资金，人们往往很想知道现在需要预存多少金额.

例 2 假设你想为 2 年后的旅行存够 8 000 元，为你提供年利率为 4%的存款类型，使用单利计算. 为确保在 2 年内获得所需资金，你现在必须存到账户上多少钱？

解 由题意得 $FV_2=8\ 000$，$r=4\%$，$t=2$

$$FV_t=PV_0(1+tr)$$

$$8\ 000=PV_0(1+2\times 4\%)$$

$$PV_0\approx 7\ 407.41(\text{元})$$

如果你现在将 7 407.41 元存到账户上，2 年后你将获得旅行所需要的 8 000 元.

如果一笔钱在银行得到了利息，银行应该在利息加本金这个更大的量的基础上再计算利息. 事实上，许多银行账户就是这样运行的. 基于先前利息加本金而得到的利息称为复利.

概念 5 **复利**就是每经过一个计算利息的周期（简称计息期），将所产生的利息加入本金再计利息，逐期滚算，俗称“利滚利”.

例 3 假设你想在 5 年内换一部车，为攒够首付所需金额，你在一个年利率为 10%的银行账户上存了 1.5 万元，按年计复利，5 年后该账户上的钱是多少？

分析 计算本息和，可以使用公式 $FV_t=PV_0(1+tr)$，然而按复利计算的话，每年所获得的利息都被加到本金上，所以我们必须每年年底重新计算本息和.

解 第 1 年：因为 $PV_0=15\ 000$，$r=10\%=0.1$，$t=1$

所以第 1 年年底的本息和：$FV_1=PV_0(1+tr)=15\ 000\times(1+0.1\times 1)=16\ 500$（元），这将是第 2 年的本金.

第 2 年：因为 $PV_0=16\ 500$，$r=10\%=0.1$，$t=1$

所以第 2 年年底的本息和：$FV_2=PV_0(1+tr)=16\ 500\times(1+0.1\times 1)=18\ 150$（元），这将是第 3 年的本金.

第 3 年：因为 $PV_0=18\ 150$，$r=10\%=0.1$，$t=1$

所以第 3 年年底的本息和：$FV_3=PV_0(1+tr)=18\ 150\times(1+0.1\times 1)=19\ 965$（元），

这将是第 4 年的本金．

第 4 年：因为 $PV_0 = 19\ 965$，$r = 10\% = 0.1$，$t = 1$

所以第 4 年年底的本息和：$FV_4 = PV_0(1+tr) = 19\ 965\times(1+0.1\times1) = 21\ 961.5$（元），这将是第 5 年的本金．

第 5 年：因为 $PV_0 = 21\ 961.5$，$r = 10\% = 0.1$，$t = 1$

所以第 5 年年底的本息和：$FV_5 = PV_0(1+tr) = 21\ 961.5\times(1+0.1\times1)$

$= 24\ 157.65$（元）

针对例 3，如果我们使用单利条件下计算本息和的公式可得：

$$FV_5=PV_0(1+tr)=15\ 000\times(1+0.1\times5)=22\ 500\ (\text{元})$$

例 3 的结果表明，复利利息大于单利利息．这是因为所获得的利息追加到本金后，银行就需要对一个持续增长的本金支付利息．

继续例 3 的计算过程，通过一年一年的计算，虽然可以得到该账户每个时期的本息和，但是如果你的存储时间不是 5 年而是 30 年，很显然计算过程是烦琐的．仔细观察例 3 的计算过程，可以发现这样一个规律：

第 1 年开始时：因为 $PV_0 = 15\ 000$，$r = 10\% = 0.1$，$t = 1$

所以第 1 年年底的本息和：$FV_1 = 15\ 000\times(1+0.1\times1) = 15\ 000\times1.1$（元）

不用计算乘积，而是用 $15\ 000\times1.1$ 作为第 2 年的本金，因此第 2 年年底的本息和是：

$$FV_2 = 15\ 000\times1.1\times(1+0.1) = 15\ 000\times1.1^2(\text{元})$$

现在用 $15\ 000\times1.1^2$ 作为第 3 年的本金，因此第 3 年年底的本息和是：

$$FV_3 = 15\ 000\times1.1^2\times(1+0.1) = 15\ 000\times1.1^3\ (\text{元})$$

如果继续用这种方法计算该账户第 30 年年底的终值，我们可以得到：

$$FV_{30} = 15\ 000\times1.1^{30}\approx15\ 000\times17.449\approx261\ 741.034\ (\text{元})$$

因此，用这个稍微有点不同的方法来计算，不管年数有多长，只要借助计算器，就可以很容易地算出若干年后的本息和．

假设本金为 PV_0，复利按年算，则 t 年后它的终值变为：

$$FV_t = PV_0\ (1+r)^t$$

例 4 假设投资者按 7%的复利把 1 000 元存入银行 2 年，在第 2 年年末它的终值是多少？

解 利用公式 $FV_t=PV_0\ (1+r)^t$，$PV_0=1\ 000$，$t=2$，$r=7\%$

$$FV_2 = PV_0(1+r)^2$$
$$=1\ 000\times(1+0.07)^2 = 1\ 144.90\ (\text{元})$$

显然，利息计算周期可以是一年、一个季度、一个月，甚至一天．

假设本金为 PV_0，复利计息且每半年结息一次，则一年后它的终值为：

$$FV_1 = PV_0\left(1+\frac{r}{2}\right)^2$$

t 年后的终值为：

$$FV_t = PV_0\left(1+\frac{r}{2}\right)^{2t}$$

进一步，假设本金为 PV_0，复利计息且每一年均匀分 n 期计息，则 t 年后的终值为：

$$FV_t = PV_0\left(1+\frac{r}{n}\right)^{nt}$$

例 5 设有 100 元，年利率为 8%，按一年 1 期、2 期、4 期、12 期、100 期复利计算一年后的终值分别是多少？

解 由题意得 $PV_0=100$，$r=8\%$，$t=1$

$$FV_t = PV_0\left(1+\frac{r}{n}\right)^{nt}$$

一年计息 1 期，即 $n=1$：

$$FV_1 = PV_0(1+r) = 100\times(1+0.08) = 108\ (元)$$

一年计息 2 期，即 $n=2$：

$$FV_1 = 100\times\left(1+\frac{0.08}{2}\right)^{2} = 108.16\ (元)$$

一年计息 4 期，即 $n=4$：

$$FV_1 = 100\times\left(1+\frac{0.08}{4}\right)^{4} \approx 108.24\ (元)$$

一年计息 12 期，即 $n=12$：

$$FV_1 = 100\times\left(1+\frac{0.08}{12}\right)^{12} \approx 108.30\ (元)$$

一年计息 100 期，即 $n=100$：

$$FV_1 = 100\times\left(1+\frac{0.08}{100}\right)^{100} \approx 108.33\ (元)$$

例 5 表明，随着计息期数的增加，相同本金对应的终值也会增加，但增长的速度会越来越慢，例 5 对应的终值随计息期数 n 的变化而变化的规律如图 1－1 所示．

例 6 假设有 10 000 元想进行投资，现有两种方案：一种是一年支付一次红利，年利率是 12%；另一种是一年分 12 个月按复利支付红利，月利率是 1%. 请问哪一种投资方案合算？

解 由题意得 $PV_0=10\ 000$，$r=12\%$

(1) 一年计息 1 期，即 $n=1$：

$$FV_1 = PV_0(1+r) = 10\ 000\times(1+12\%) = 11\ 200\ (元)$$

(2) 一年计息 12 期，即 $n=12$：

$$FV_1 = 10\ 000\times\left(1+\frac{0.12}{12}\right)^{12\times 1} \approx 10\ 000\times 1.126\ 825 = 11\ 268.25\ (元)$$

一年分 12 个月按复利支付红利的方案比一年支付一次红利的方案合算．

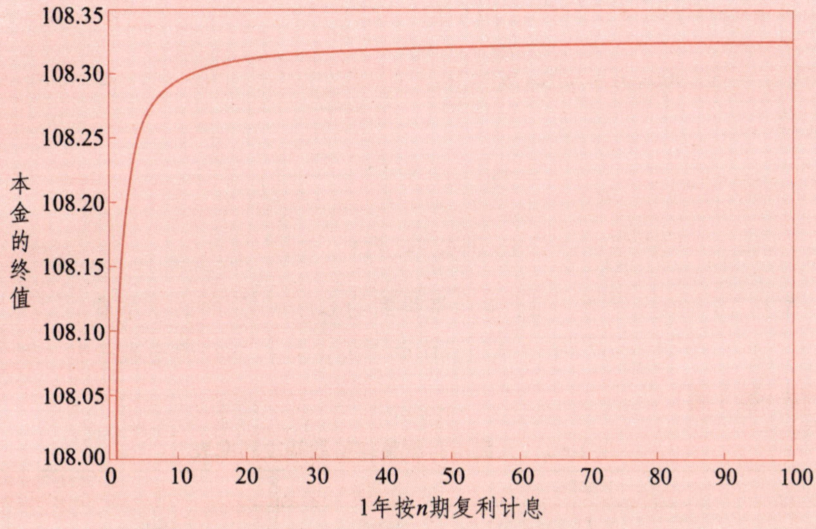

图 1-1　终值随复利计息期数 n 的变化而变化的规律

由上可知：年利率相同，而一年计息期数不同，一年所得的利息也不同，此时的利率称为名义利率．如一年计息 1 期，是按 12%计息；一年计息 12 期，实际利息是按 12.682 5%计息．

例 7　你富裕的叔叔过世并留给你 10 000 美元，由于你对投资非常谨慎，决定购买一种 5 年期的存款单作为将来的积蓄．明智储蓄贷款中心提供一种年利率为 5%并以季度计复利的存款单，友谊第一国际银行提供一种年利率为 4.8%并以月计复利的存款单．哪一种形式的存款能给你的钱更多的回报？

解　我们利用前面介绍的复利公式计算终值：

明智储蓄贷款中心：$PV_0=10\ 000$，$r=0.05$，$n=4$，$t=5$

$$FV_t = PV_0\left(1+\frac{r}{n}\right)^{nt} = 10\ 000\times\left(1+\frac{0.05}{4}\right)^{4\times5}\approx 12\ 820.37\text{（美元）}$$

友谊第一国际银行：$PV_0=10\ 000$，$r=0.048$，$n=12$，$t=5$

$$FV_t = PV_0\ (1+\frac{r}{n})^{nt} = 10\ 000\times\left(1+\frac{0.048}{12}\right)^{12\times5}\approx 12\ 706.41\text{（美元）}$$

可以看出，购买明智储蓄贷款中心的存款单将得到稍多一点的利息．

与终值相对应，为了在将来拥有一笔特定的钱而投入的本金称为这笔钱的现值．

注意　计算终值的公式中有 4 个未知量，如果我们需要，可以利用这个公式和已知的 3 个量（终值、利率和时间）来求现值．

例 8　自从一个孩子出生起，一个家长希望能在一个免税账户中存入一笔钱以备孩子上大学之用．假设这笔钱的年利率为 8%，而且按年计复利．为了能在孩子 18 岁时拥有 60 000 元，他的家长现在应给他存入多少钱？

解 利用复利计算公式：$FV_t = PV_0\left(1+\frac{r}{n}\right)^{nt}$

已知 $FV_{18}=60\,000$，$r=8\%$，$n=1$，$t=18$

可得现值为

$$PV_0 = FV_t\left(1+\frac{r}{n}\right)^{-nt} = 60\,000\times\left(1+\frac{0.08}{1}\right)^{-1\times18}$$

$$=\frac{60\,000}{(1+0.08)^{1\times18}}\approx 15\,014.94(\text{元})$$

现在一笔约 15 000 元的存款 18 年后将得到约 60 000 元的大学学费．

例 9 表 1-1 是 2007 年 12 月 21 日中国人民银行公布的金融机构人民币存款整存整取基准利率表.

表 1-1 人民币存款整存整取基准利率表

存期	1 年	2 年	3 年	5 年
年利率（%）	4.14	4.68	5.40	5.85

某人有 20 000 元，想存入银行储蓄 5 年，共有几种方案？哪种方案获利最多？

解 不难发现共有 6 种方案，每一种方案的获利计算如下：

(1) 连续存五个 1 年期，则 5 年后的终值为

$20\,000\times(1+0.041\,4)^5\approx 24\,497$（元）

(2) 先存一个 2 年期，再连续存三个 1 年期，则 5 年后的终值为

$20\,000\times(1+0.046\,8\times2)\times(1+0.041\,4)^3\approx 24\,703$（元）

(3) 先连续存两个 2 年期，再存一个 1 年期，则 5 年后的终值为

$20\,000\times(1+0.046\,8\times2)^2\times(1+0.041\,4)\approx 24\,909$（元）

(4) 先存一个 3 年期，然后连续存两个 1 年期，则 5 年后的终值为

$20\,000\times(1+0.054\,0\times3)\times(1+0.041\,4)^2\approx 25\,204$（元）

(5) 先存一个 3 年期，再转存一个 2 年期，则 5 年后的终值为

$20\,000\times(1+0.054\,0\times3)\times(1+0.046\,8\times2)\approx 25\,415$（元）

(6) 存一个 5 年期，则 5 年后的终值为

$20\,000\times(1+0.058\,5\times5)\approx 25\,850$（元）

可见，第六种方案获利最多，国家所规定的年利率已经充分考虑了你可能选择的存款方案，利率是合理的．

第二节
消费贷款

在你的一生中，可能会为大笔消费如大学教育、新购住房或退休而储蓄. 现在能够以固定利息存入一大笔钱是件好事，因为在将来你需要的时候就已经有了这笔钱. 然而，大多数人没有足够的钱做一次性存款，因此你可以通过许多年一系列的存款为自己积累所需的钱或向银行贷款通过许多年一系列的还款来偿还银行的债务. 在这一节中，我们将讨论这种投资或还贷和信用卡消费问题.

一、年金

概念 6　**年金**是指每隔相等的时期，收到或付出的相同数量的款项. 年金一般用 A 表示. 商品的分期付款、分期偿还贷款、发放养老金零存整取业务中每次存入的款项等，都属于年金收付形式.

概念 7　**年金终值**是账户中存入所有存款（包括利息）之后的总金额.

为了说明一份年金的终值，假定从第 1 年开始你连续 4 年每年年底在账户中存款 600 元，年利率是 10%，以年计复利. 到第 4 年年底，这个账户中有多少钱?

利用复利计算公式，第 1 年年底存入的钱将增长到 $600\times(1+10\%)^3$ 元，第 2 年年底存入的钱将增长到 $600\times(1+10\%)^2$ 元，第 3 年年底存入的钱将增长到 $600\times(1+10\%)^1$ 元，第 4 年年底存入的钱将增长到（没有利息）$600\times(1+10\%)^0$ 元.

如果计算每一笔存款对账户的贡献并计算总值，到第 4 年年底，这个账户中有：

$$600\times(1+10\%)^3+600\times(1+10\%)^2+600\times(1+10\%)^1+600\times(1+10\%)^0$$

这就是年金终值的计算问题，现在我们更多地讨论年金现值.

概念 8　**年金现值**是账户中支出所有存款（包括利息）之前的总金额.

假定从第 1 年开始你连续 4 年每年年底在账户中支出 600 元，年利率是 10%，以年计复利．现在应给这个账户中存入多少钱？

这是复利计算中已知一系列终值求现值的问题，其结构如图 1－2 所示．

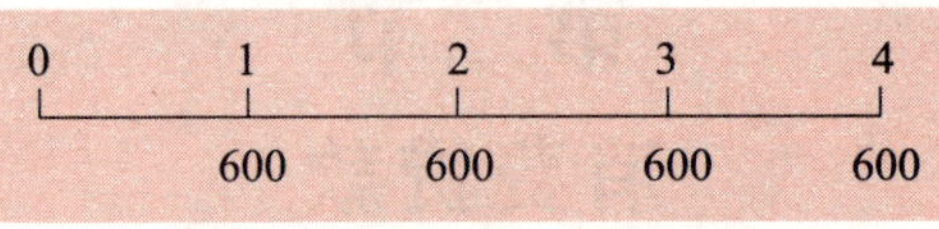

图 1－2　已知终值求现值示意图

若第 1 年年底支出 600 元，则现在应存入的金额为 $600\times(1+10\%)^{-1}\approx 545$ 元．

同理，若第 2、3、4 年年底支出 600 元，则现在应存入的金额分别为：

$$600\times(1+10\%)^{-2}\approx 496(\text{元})$$

$$600\times(1+10\%)^{-3}\approx 451(\text{元})$$

$$600\times(1+10\%)^{-4}\approx 410(\text{元})$$

把对应存入的金额计算总值，以年金的形式表示为：

$$\begin{aligned}PV_0 &= 600\times(1+10\%)^{-1}+600\times(1+10\%)^{-2}+600\times(1+10\%)^{-3}\\&\quad+600\times(1+10\%)^{-4}\end{aligned}$$

将上式变换形式为：

$$\begin{aligned}PV_0 &= \frac{600}{(1+10\%)^1}+\frac{600}{(1+10\%)^2}+\frac{600}{(1+10\%)^3}+\frac{600}{(1+10\%)^4}\\&=\frac{600}{1.1^1}+\frac{600}{1.1^2}+\frac{600}{1.1^3}+\frac{600}{1.1^4}\end{aligned}$$

上式就是一个等比数列求和的问题，现将其推广到一般情形．

假定从第 1 期开始，连续 n 期期末在账户中支出相等的 A 元，期利率是 r，则现在应存入的金额为：

$$\begin{aligned}PV_0 &= A(1+r)^{-1}+A(1+r)^{-2}+\cdots+A(1+r)^{-n}\\&=\frac{A}{(1+r)^1}+\frac{A}{(1+r)^2}+\cdots+\frac{A}{(1+r)^n}\\&=A\cdot\frac{\frac{1}{1+r}\left\{1-\left[\frac{1}{(1+r)^n}\right]\right\}}{1-\frac{1}{1+r}}=A\cdot\frac{\frac{1}{1+r}\left\{1-\left[\frac{1}{(1+r)^n}\right]\right\}}{\frac{1+r-1}{1+r}}\\&=A\cdot\frac{\frac{1}{1+r}\left\{1-\left[\frac{1}{(1+r)^n}\right]\right\}}{\frac{r}{1+r}}=\frac{A}{r}\cdot\left[1-\frac{1}{(1+r)^n}\right]\end{aligned}$$

因此，我们得到从第 1 期期末到第 n 期期末等额年金 A 的现值公式

$$PV_0=\frac{A}{(1+r)^1}+\frac{A}{(1+r)^2}+\cdots+\frac{A}{(1+r)^n}=\frac{A}{r}\cdot\left[1-\frac{1}{(1+r)^n}\right]$$

记 $PVA_{r,n}=\frac{1}{r}\cdot\left[1-\frac{1}{(1+r)^n}\right]$，称 $PVA_{r,n}$ 为**年金现值系数**，则年金现值公式可记为

$$PV_0=A\cdot PVA_{r,n}$$

注意　年金的间隔期不一定是一年，也可以是月、季度等。

例 10　一个家长希望能在一个免税账户中存入一笔钱以备孩子上大学之用．假设这笔钱的年利率为 10%，而且按年计复利．为了能在孩子大学四年每年年底都拥有 6 000 元，他的家长现在应给他存入多少钱？

解　已知 $r=10\%, n=4, A=6\ 000$

计算年金现值系数

$$PVA_{r,n}=\frac{1}{r}\cdot\left[1-\frac{1}{(1+r)^n}\right]=\frac{1}{0.1}\cdot\left[1-\frac{1}{(1+0.1)^4}\right]\approx 3.170$$

代入年金现值公式

$$PV_0=A\cdot PVA_{r,n}=6\ 000\times 3.170=19\ 020\,(\text{元})$$

因此，为了能在孩子大学四年每年年底都拥有 6 000 元，他的家长现在应给他存入 19 020 元．

二、等额本息还款法和等额本金还款法

例 11　某企业借入 5 000 万元，年利率为 10%，在以后五年的年末等额摊还，问：企业每年还款金额是多少？其中本金和利息各为多少？

解　已知 $r=10\%$，$n=5$，$PV_0=5\ 000$

计算年金现值系数

$$PVA_{r,n}=\frac{1}{r}\cdot\left[1-\frac{1}{(1+r)^n}\right]=\frac{1}{0.1}\cdot\left[1-\frac{1}{(1+0.1)^5}\right]\approx 3.791$$

代入年金现值公式 $PV_0=A\cdot PVA_{r,n}$，得 $5\ 000=A\times 3.791$，所以 $A=1\ 319$ 万元.

因此，企业借入 5 000 万元，年利率为 10%，在以后五年的年末等额摊还，企业每年还款金额为 1 319 万元. 这种还款方式为等额本息还款法.

概念 9　**等额本息还款法**是借款人每次按相等的金额偿还贷款本息，其中每次贷款利息按剩余贷款本金计算并逐次结清.

继续讨论例 11，第 1 年年末，该企业偿还利息是 5 000×0.1×1=500 万元，偿还本金是 1 319−500=819 万元，故第 2 年年初该企业还欠银行本金是 5 000−819=4 181 万元，以此类推. 显然，企业的每一笔偿还额中，部分用来偿还本金，部分用来偿还本金未清部分的利息. 随着本金的减少，每次偿还额中越来越多的部分用来偿还本金，越来越少的部分用来偿还利息. 用于说明每一笔偿还款项是怎样对应于本金和利息的表格称作分期付款进度表，见表 1　2.

表 1-2　等额本息分期付款进度表　　单位：万元

年末	等额摊还额	支付利息	偿还本金	年末贷款余额
1	1 319	500= 5 000×10%	819= 1 319−500	4 181= 5 000−819
2	1 319	418.10= 4 181×10%	900.90= 1 319−418.10	3 280.10= 4 181−900.90
3	1 319	328.01= 3 280.10×10%	990.99= 1 319−328.01	2 289.11= 3 280.10−990.99
4	1 319	228.91= 2 289.11×10%	1 090.09= 1 319−228.91	1 199.02= 2 289.11−1 090.09
5	1 319	119.90= 1 199.02×10%	1 199.10= 1 319−119.90	−0.08= 1 199.02−1 199.10

注意　(1) 在实际情况中，银行会调整最后的偿付额，使最后的余额恰好为0.
(2) 借助 Excel 软件制作分期付款进度表是一件很方便的事情，具体见实训一.

例 12　假如你为你梦想的房子支付首付后，决定从中国建设银行贷款 1 200 000 元完成剩余支付. 中国建设银行为你提供的贷款方式为等额本息还款，年利率是 7%，偿还期是 30 年，那么你每月偿还的贷款金额是多少？

分析　这笔贷款是按月还款，应将年利率转换为月利率.

解　已知 $PV_0=1\ 200\ 000$，$r=\dfrac{7\%}{12}=\dfrac{7}{1\ 200}$，还款期数 $n=30\times12=360$，所以

$$PVA_{r,n}=\frac{1}{r}\cdot\left[1-\frac{1}{(1+r)^n}\right]=\frac{1\ 200}{7}\cdot\left[1-\frac{1}{\left(1+\dfrac{7}{1\ 200}\right)^{360}}\right]\approx150.308$$

进一步地，由 $PV_0=A\cdot PVA_{r,n}$，得

$$1\ 200\ 000=A\times150.308$$

$$A\approx7\ 983.61\ (\text{元})$$

即每个月需要偿还的金额为 7 983.61 元.

思考　尝试算算你的还款总额，你会发现什么？

概念 10　**等额本金还款法**即借款人每月按相等的金额（贷款金额/贷款月数）偿还贷款本金，每月贷款利息按月初剩余贷款本金计算并逐月结清，两者合计即为每月的还款额.

例 13　假如你为你梦想的房子支付首付后，决定从中国工商银行贷款 1 200 000 元完成剩余支付. 中国工商银行为你提供的贷款方式为等额本金还款，年利率是 7%，偿还期是 30 年，那么你每月偿还的贷款金额是多少？

分析　在整个还款期，本金等额偿还，利息逐渐等额下降，即每期等额还本金，贷款利息随本金逐月结清. 贷款总额为 1 200 000 元，按 $n=30\times12=360$ 个月还清，则每个月

需要偿还的金额包括两部分：本金和当月月初剩余贷款在这个月产生的利息.

解　已知 $PV_0=1\ 200\ 000$，$r=\frac{7\%}{12}=\frac{7}{1\ 200}$，还款期数 $n=30\times12=360$，所以

第 1 个月付款金额：

$$FV_1=\frac{1\ 200\ 000}{360}+1\ 200\ 000\times\frac{7}{1\ 200}\approx10\ 333.33(\text{元})$$

第 2 个月付款金额：

$$FV_2=\frac{1\ 200\ 000}{360}+\left(1\ 200\ 000-\frac{1\ 200\ 000}{360}\right)\times\frac{7}{1\ 200}\approx10\ 313.89(\text{元})$$

第 3 个月付款金额：

$$FV_3=\frac{1\ 200\ 000}{360}+\left(1\ 200\ 000-2\times\frac{1\ 200\ 000}{360}\right)\times\frac{7}{1\ 200}\approx10\ 294.44(\text{元})$$

第 4 个月付款金额：

$$FV_4=\frac{1\ 200\ 000}{360}+\left(1\ 200\ 000-3\times\frac{1\ 200\ 000}{360}\right)\times\frac{7}{1\ 200}\approx10\ 275.00(\text{元})$$

…………

第 360 个月付款金额：

$$FV_{360}=\frac{1\ 200\ 000}{360}+\left(1\ 200\ 000-359\times\frac{1\ 200\ 000}{360}\right)\times\frac{7}{1\ 200}\approx3\ 352.78(\text{元})$$

对于等额本金还款法，往往需要将上面 360 个式子的结果求和得到还款总额，因此有必要推导等额本金还款法的还款总额公式：

第一个月付款金额：

$$FV_1=\frac{PV_0}{n}+PV_0\times r$$

第二个月付款金额：

$$FV_2=\frac{PV_0}{n}+\left(PV_0-\frac{PV_0}{n}\right)\times r$$

第三个月付款金额：

$$FV_3=\frac{PV_0}{n}+\left(PV_0-2\times\frac{PV_0}{n}\right)\times r$$

…………

第 n 个月付款金额：

$$FV_n=\frac{PV_0}{n}+\left[PV_0-(n-1)\times\frac{PV_0}{n}\right]\times r$$

还款总额 S：

$$\begin{aligned}S&=\frac{PV_0}{n}\times n+\left[PV_0\times n-(0+1+2+\cdots+n-1)\times\frac{PV_0}{n}\right]\times r\\&=PV_0+\left[PV_0\times n-\frac{n(n-1)}{2}\times\frac{PV_0}{n}\right]\times r\end{aligned}$$

$$= PV_0 + \frac{n+1}{2} PV_0 \times r$$

从而得到等额本金还款法的还款总额计算公式：

$$S = PV_0 + \frac{n+1}{2} PV_0 \times r$$

例 14 假如你为你梦想的房子支付首付后，决定从中国工商银行贷款 1 200 000 元完成剩余支付. 中国工商银行为你提供的贷款方式为等额本金还款，年利率是 7%，偿还期是 30 年，那么还清贷款时的还款总金额是多少？

解 已知 $PV_0 = 1\ 200\ 000$，$r = \frac{7\%}{12}$，还款期数 $n = 30 \times 12 = 360$.

等额本金还款总额：

$$S = PV_0 + \frac{n+1}{2} PV_0 \times r$$

$$= 1\ 200\ 000 + \frac{360+1}{2} \times 1\ 200\ 000 \times \frac{7\%}{12} = 2\ 463\ 500(\text{元})$$

例 15 2011 年 12 月 1 日，小李买了一套住房，首付一定的金额后，其余 20 万元采用公积金贷款方式，公积金贷款月利率为 0.375%，贷款期限为 10 年，每月底付款一次，有两种还款方法可供选择，即等额本息还款法和等额本金还款法. 小李选择哪种方法能节省利息？能节省多少利息？

解 已知 $PV_0 = 200\ 000$，$r = 0.375\%$，还款期数 $n = 10 \times 12 = 120$.

等额本息还款法下

$$PV_0 = \frac{A}{r} \cdot \left[1 - \frac{1}{(1+r)^n}\right]$$

即

$$200\ 000 = \frac{A}{0.003\ 75} \cdot \left[1 - \frac{1}{(1+0.003\ 75)^{120}}\right]$$

所以，月还款额 $A \approx 2\ 072.77$ 元.

等额本息还款法还款总额为

$$S = 120 \times 2\ 072.77 \approx 248\ 732(\text{元})$$

等额本金还款法还款总额为

$$S = PV_0 + \frac{n+1}{2} PV_0 \times r$$

$$= 200\ 000 + \frac{120+1}{2} \times 200\ 000 \times 0.003\ 75 = 245\ 375(\text{元})$$

利息差额为 248 732－245 375＝3 357 元，小李选择等额本金还款法能节省利息 3 357 元.

三、信用卡消费

信用卡消费作为一种消费形式，正在被广泛使用，“零首付、零利息”更是各大银行针对信用卡消费的诱人宣传口号．然而，天下没有免费的午餐，也不会有免息的贷款，下面我们将对信用卡消费中的常见问题予以讨论．

概念 11　信用卡是银行提供给客户的一种先消费后还款的小额信贷支付工具．

信用卡的特点是不需要存款即可透支消费，并可享有最长 56 天的免息期，按时还款分文利息不收．

概念 12　账单日是指发卡银行每月定期对你的信用卡账户当期发生的各项交易、费用等进行汇总结算，并结计利息，计算你当期总欠款金额和最小还款额．该日期即为你信用卡的账单日．

概念 13　还款日是指发卡银行要求持卡人归还应付款项的最后日期．

各银行对还款日的规定各不相同．例如：中国银行和中国建设银行的还款日是账单日后第 20 天，中国工商银行的还款日是每月 25 日，交通银行的还款日是账单日后第 25 天等．

概念 14　免息还款期（指非现金交易）是从银行记账日起至还款日之间的日期（还款日就是免息还款期限的最后一天）．

银行经常会宣传信用卡的最长免息还款期．然而，并不是每一次消费都能享受最长免息还款期．那么，到底免息还款期如何计算呢？

假如你的信用卡账单日为每月 2 日，还款日为账单日后第 20 天，则你 4 月 3 日的刷卡消费，将会在 5 月 2 日生成账单，5 月 22 日为还款日，还款日期前全额还款免息，免息还款期有 50 天．如果你是 4 月 2 日消费，这笔消费会在 4 月 2 日生成账单，4 月 22 日为还款日，此日期前全额还款免息，则免息还款期只有 21 天．因此，账单日当天刷卡消费，免息期最短；账单日后第一天刷卡消费，免息期最长．

概念 15　最低还款额是指持卡人在到期还款日前偿还全部应付款项有困难的，可按发卡行规定的最低还款额进行还款，但不能享受免息还款期待遇，最低还款额为消费金额的 10%加其他各类应付款项．最低还款额列示在当期账单上．

概念 16　循环信用是一种按日计息的小额、无担保贷款工具．

循环利息的计算：上期对账单的每笔消费金额为计息本金，自该笔账款记账日起至该笔账款还清日止为计息天数，按日息万分之五计算利息．循环信用的利息将在下期的账单中列示．

例如：张先生所持有的交通银行信用卡3月30日消费金额为人民币1 000元，账单日为4月10日，账单上列印“本期应还金额”为人民币1 000元，“最低还款额”为100元，并规定账单日后第25天即5月5日为免息还款日.

若张先生在5月5日前全额还款1 000元，则在5月10日的对账单中循环利息为0元；若张先生选择在5月1日偿还最低还款额100元，则5月10日的对账单的循环利息为20.5元，这笔利息由两部分构成，第一部分为3月30日—4月30日共计32天的利息，利息额为1 000×0.05%×32 =16元，第二部分为5月1日—5月10日共计10天的利息，利息额为（1 000−100）×0.05%×10=4.5元.

例16 某人2017年3月17日和3月31日分别消费4 500元和1 500元，账单日是4月7日，还款日为4月27日，4月16日按最低还款额还款600元，则5月7日的账单中循环利息是多少元？

解 第一笔消费的利息为4 500×0.05%×30+(4 500−450)×0.05%×22=67.5+44.55 =112.05元；

第二笔消费的利息为1 500×0.05%×16+(1 500−150)×0.05%×22=12+14.85=26.85元.

两笔消费的利息和为112.05+26.85=138.9元，即5月7日账单中循环利息为138.9元.

信用卡不仅可以刷卡透支消费，还可以提取现金，即使用信用卡向银行预借现金. 使用信用卡提取现金的过程称为信用卡提现. 信用卡提现均不享受免息待遇. 目前信用卡提现收费包括两部分：第一部分为手续费，一般为提现金额的0.5%～3%不等；第二部分为利息，即按照万分之五的日利率计算提现金额的利息，并按月计算复利.

例17 小刘最近着急还朋友钱，因钱不够，就从信用卡里提现了5 000元，计划30天后还款. 该信用卡发卡行收取的提现手续费率为1%. 小刘平时不怎么用信用卡，对信用卡提现费用的收取规则不是很了解，他想要知道这笔提现将要支付的费用是多少.

解 手续费为5 000×1% = 50元，利息为5 000×0.05%×30 = 75元，故这笔提现的总费用为50+75=125元.

如果是短期内急需小额现金，临时申请银行贷款来不及，信用卡提现是一种可供选择的途径. 但需要注意的是，提现除了支付手续费外，还要按照万分之五的日利率支付利息，折算成年利率则为18%，相当于银行基准贷款利率的3.6倍左右，故不宜作为中长期贷款工具.

“每月只需几百元，就把商品带回家，分期付款免利息啦！”我们经常会看到这样的信用卡消费促销广告. 银行对信用卡分期还款业务一直非常热心，每当你刚有一笔大额刷卡消费，银行就会发来短信，告诉你只需轻点回复就可以分期还款，但是它的使用成本你真算清楚了吗？

对于信用卡分期还款，虽然银行大肆宣传说“免息”甚至“免首付”，但是有一项费用是不可免的，那就是手续费. 手续费的标准一般以分期的期数来确定，按月收取. 例如，中国工商银行信用卡分期还款手续费率见表1-3.

表 1-3　中国工商银行信用卡分期还款手续费率

期数	3 期	6 期	9 期	12 期	18 期	24 期
手续费率	1.65% （月 0.55%）	3.6% （月 0.6%）	5.4% （月 0.6%）	7.2% （月 0.6%）	11.7% （月 0.65%）	15.6% （月 0.65%）

例 18　王小姐在商场购买了 12 000 元的商品，采用中国工商银行信用卡分 12 期付款，月手续费率是 0.6%，每月还 1 000 元. 试问：王小姐每月实际偿还的金额是多少？最终王小姐为该商品支付的金额又是多少？

解　分期付款金额为 12 000 元，分 12 期，对应的手续费率为 7.2%，需付手续费为 $12\,000\times7.2\%=864$ 元，每月还款 $\frac{864+12\,000}{12}=1\,072$ 元，即王小姐每月实际还款为 1 072 元，为该商品支付的总金额为 12 864 元.

注意　利息和手续费并不一样，因为每月你都在向银行还回本金，占用银行的资金是越来越少的，所以正常银行贷款要还的利息也是越来越少的，但信用卡分期还款的手续费却是始终不变的. 王小姐并非一直欠银行 12 000 元，到最后一个月，实际上只欠银行1 000 元，却仍要被收取 72 元的手续费，等于这 1 000 元的借贷成本折算成年利率高达 86.4%！全年平均来算，借款人要付的真正年利率也要到 15.48%，远远高于正常贷款.

第三节
收入与纳税

你知道个人所得税是怎么计算出来的吗？在这一节我们主要讨论年收入与年终奖金的纳税问题.

一、个人年收入纳税问题

概念 17　工资薪金是指个人因任职或受雇而取得的工资、薪金、奖金、年终加薪、劳动分红、津贴、补贴以及与任职或受雇有关的其他所得.

概念 18　个人所得税是指国家对本国公民、居住在本国境内的个人的所得和境外个人来源于本国的所得征收的一种所得税.

计算个人所得税的关键是明确全年应纳税所得额. 设个人年收入为 w，全年免税收入为 w_a，专项扣除额（三险一金）为 w_b，专项附加扣除额（教育支出、大病医疗支出、房贷利息支出等）为 w_c，其他扣除额（企业年金、职业年金等）为 w_d，全年应纳税所得额为 w_r，则个人全年应纳税所得额满足

$$w_r = w - w_a - w_b - w_c - w_d$$

例 19　我国新个人所得税计算办法于 2019 年 1 月 1 日开始实施，个人所得税起征点为 5 000 元，采用七级超额累进税率，见表 1－4. 试求全年应纳税所得额与个人所得税之间的函数关系.

表 1－4　七级超额累进税率表

级数	全年应纳税所得额（w_r）	税率（r）
1	不超过 36 000 元的部分	3%
2	超过 36 000 元至 144 000 元的部分	10%
3	超过 144 000 元至 300 000 元的部分	20%
4	超过 300 000 元至 420 000 元的部分	25%

续前表

级数	全年应纳税所得额（w_r）	税率（r）
5	超过 420 000 元至 660 000 元的部分	30%
6	超过 660 000 元至 960 000 元的部分	35%
7	超过 960 000 元的部分	45%

解　设某人全年应纳税所得额为 w_r 元，个人所得税为 y 元，则

(1) 当 $w_r \leqslant 36\,000$ 时，$y = w_r \times 3\%$.

(2) 当 $36\,000 < w_r \leqslant 144\,000$ 时，

$$y = 36\,000 \times 3\% + (w_r - 36\,000) \times 10\% = w_r \times 10\% - 2\,520$$

以此类推，得出全年应纳税所得额与个人所得税之间的函数是一个分段函数：

$$y = \begin{cases} w_r \times 3\%, & 0 \leqslant w_r \leqslant 36\,000 \\ w_r \times 10\% - 2\,520, & 36\,000 < w_r \leqslant 144\,000 \\ w_r \times 20\% - 16\,920, & 144\,000 < w_r \leqslant 300\,000 \\ w_r \times 25\% - 31\,920, & 300\,000 < w_r \leqslant 420\,000 \\ w_r \times 30\% - 52\,920, & 420\,000 < w_r \leqslant 660\,000 \\ w_r \times 35\% - 85\,920, & 660\,000 < w_r \leqslant 960\,000 \\ w_r \times 45\% - 181\,920, & w_r > 960\,000 \end{cases}$$

根据例 19 的分段函数，可得个人所得税计算的一种更为简便的办法，即

$$y = 全年应纳税所得额\ w_r \times 适用税率\ r - 速算扣除数\ c$$

对应的税率表修改为如表 1-5 所示.

表 1-5　含速算扣除数的七级超额累进税率表

级数	全年应纳税所得额（w_r）	税率（r）	速算扣除数（c）
1	不超过 36 000 元的部分	3%	0
2	超过 36 000 元至 144 000 元的部分	10%	2 520
3	超过 144 000 元至 300 000 元的部分	20%	16 920
4	超过 300 000 元至 420 000 元的部分	25%	31 920
5	超过 420 000 元至 660 000 元的部分	30%	52 920
6	超过 660 000 元至 960 000 元的部分	35%	85 920
7	超过 960 000 元的部分	45%	181 920

例 20　若张某 1—6 月份月收入均为 8 000 元，7—12 月份月收入均为 4 000 元，年收入总额 72 000 元，暂不考虑各项扣除的问题. 求张某全年应缴纳的个人所得税是多少?

解　张某的全年应纳税所得额为

$$w_r = 72\ 000 - 5\ 000 \times 12 = 12\ 000 \text{（元）}$$

因为 $w_r < 36\ 000$，所以，

$$y = w_r \times 3\% - 0 = 12\ 000 \times 3\% - 0 = 360 \text{（元）}$$

即张某全年应缴纳的个人所得税为360元.

二、年终奖金的纳税问题

概念19　全年一次性奖金是指行政机关、企事业单位等扣缴义务人根据其全年经济效益和对雇员全年工作业绩的综合考核情况，向雇员发放的一次性奖金. 一次性奖金也包括年终加薪、实行年薪制和绩效工资办法的单位根据考核情况兑现的年薪和绩效工资.

目前，居民个人取得全年一次性奖金可以选择"并入当年综合所得计算纳税".

注意　自2022年1月1日起，居民个人取得全年一次性奖金，应并入当年综合所得计算缴纳个人所得税.

例21　刘帅2020年12月从单位取得全年绩效奖金48 000元，2020年全年工资120 000元，专项附加扣除12 000元，不考虑三险一金和其他扣除额，且无其他所得收入. 试计算刘帅全年的个人所得税.

解　刘帅的全年应纳税所得额为

$$w_r = 120\ 000 + 48\ 000 - 5\ 000 \times 12 - 12\ 000 = 96\ 000 \text{（元）}$$

因为 $36\ 000 < w_r \leqslant 144\ 000$，所以，

$$y = w_r \times 10\% - 2\ 520 = 96\ 000 \times 10\% - 2\ 520 = 7\ 080 \text{（元）}$$

实训一

利用 Excel 计算消费贷款

【实训目的】

◇ 掌握资金终值和现值的 Excel 计算；

◇ 掌握等额本息还款方式的 Excel 计算.

【实训内容】

假如李某向银行贷款 10 万元购买一辆家用小汽车，贷款期限为 5 年，年利率为 3.5%，以年计复利.

(1) 若李某选择 5 年后一次性还款，他 5 年后应还多少钱？

(2) 若李某选择等额本息还款方式，他每年应还本金和利息各为多少？

操作步骤

问题 (1) 的 Excel 求解步骤

第一步：打开 Excel，在 Excel 工作表中输入贷款金额、贷款年限、贷款年利率等基本数据，并建立 5 年动态利息计算表，如图 1-3 所示.

说明　本书所使用的 Excel 版本为 Excel 2010 版，有关 Excel 基本操作和常用数学函数功能请参看附录一.

	A	B	C	D
1	贷款金额	100000	贷款年利率	3.50%
2	贷款年限	5		
3	年份	产生的利息	本息和	
4	第1年			
5	第2年			
6	第3年			
7	第4年			
8	第5年			

图 1-3　贷款基本数据录入

第二步：第 1 年的利息＝贷款金额×贷款年利率．在 B4 单元格中输入“＝B1＊D1”，按下“Enter”键，得第 1 年的利息．在 C4 单元格中输入“＝B1＋B4”，得第 1 年的本息和，如图 1－4 所示．

	A	B	C	D
1	贷款金额	100000	贷款年利率	3.50%
2	贷款年限	5		
3	年份	产生的利息	本息和	
4	第1年	3500	103500	
5	第2年			

图 1－4　第 1 年利息和本息和的计算

第三步：第 2 年的利息＝第 1 年的本息和×贷款年利率．因此在 B5 单元格中输入“＝C4＊$D$1”，得第 2 年利息，在 C5 单元格中输入“＝B5＋C4”，得第 2 年的本息和，如图 1－5 所示．其中，“$D$1”表示单元格 D1 地址的绝对引用，即固定单元格 D1．

	A	B	C	D
1	贷款金额	100000	贷款年利率	3.50%
2	贷款年限	5		
3	年份	产生的利息	本息和	
4	第1年	3500	103500	
5	第2年	3622.5	107122.5	

图 1－5　第 2 年利息和本息和的计算

第四步：选中 B5 单元格，并将鼠标移至 B5 单元格的右下角，当鼠标形状变成“＋”时，按下鼠标左键并向下拖动至 B8 单元格，实现利息计算的快速填充（Excel 的句柄填充功能）．用同样的方法得到本息和的计算结果，如图 1－6 所示．

	A	B	C	D
1	贷款金额	100000	贷款年利率	3.50%
2	贷款年限	5		
3	年份	产生的利息	本息和	
4	第1年	3500	103500	
5	第2年	3622.5	107122.5	
6	第3年	3749.29	110871.79	
7	第4年	3880.51	114752.30	
8	第5年	4016.33	118768.63	

图 1－6　问题（1）动态计算结果

也就是说，若 5 年后一次性还款，李某 5 年后应还 118 768.63 元.

问题（2）的 Excel 求解步骤

第一步：根据等额本息还款的现值系数公式，在 B3 单元格中输入“＝(1－(1/(1＋D1)^B2))/D1”，得现值系数为 4.515 1，在 D3 单元格中输入“＝B1/B3”，得等额摊还额为 22 148.14 元，如图 1－7 所示.

	A	B	C	D	E
1	贷款金额	100000	贷款年利率	3.50%	年金现值系数公式
2	贷款年限	5			$PVA_{r,n}=\frac{1}{r}\left[1-\frac{1}{(1+r)^n}\right]$
3	现值系数	4.5151	等额摊还额	22148.14	

图 1－7　每年年末等额摊还额计算

第二步：在同一张 Excel 表中，建立等额本息还款明细表，如图 1－8 所示.

	A	B	C	D	E
5	等额本息还款明细表				
6	年份	等额摊还额	支付利息	偿还本金	年末贷款余额
7	第1年				
8	第2年				
9	第3年				
10	第4年				
11	第5年				

图 1－8　等额本息还款明细表

第三步：输入第一步计算出来的每月摊还额，即在 B7 单元格中输入“＝$D$3”，并快速填充至 B11. 第 1 年应支付的利息＝贷款金额×贷款年利率，即在 C7 单元格中输入“＝B1 * D1”；偿还本金＝等额摊还额－支付利息，即在 D7 单元格中输入“＝B7－C7”；年末贷款余额＝贷款余额－偿还本金，即在 E7 单元格中输入“＝B1－D7”. 如图 1－9 所示.

	A	B	C	D	E
5	等额本息还款明细表				
6	年份	等额摊还额	支付利息	偿还本金	年末贷款余额
7	第1年	22148.14	3500	18648.14	81351.86
8	第2年	22148.14			

图 1－9　第 1 年还款明细

第四步：在 C8 单元格中输入“＝E7*$D$1”，在 D8 单元格中输入“＝B8－C8”，在 E8 单元格中输入“－E7－D8”，选中 C8:E8，快速填充至 E11，得到的还款明细结果如

图 1-10 所示.

	等额本息还款明细表			
年份	等额摊还额	支付利息	偿还本金	年末贷款余额
第1年	22148.14	3500	18648.14	81351.86
第2年	22148.14	2847.32	19300.82	62051.04
第3年	22148.14	2171.79	19976.35	42074.69
第4年	22148.14	1472.61	20675.52	21399.17
第5年	22148.14	748.97	21399.17	0.00

图 1-10　等额本息还款明细结果

图 1-10 给出了李某每年应还本金和利息的具体金额.

思考　仔细体会 Excel 快速填充功能（句柄填充功能）的工作原理并熟练运用.

练习一

1. 小刘将 10 000 元存入银行一年，年利率为 5%，一年后这笔资金本息合计为多少?

2. 某人 2011 年 6 月 6 日存入银行五年期存款一笔，金额为 20 000 元，年利率为 5.4%，于 2016 年 6 月 6 日到期支取，他将获得多少利息?

3. 某公司有一张票面金额为 5 000 元的带息票据，票面利率为 5%，出票日期为 6 月 1 日，到期日期为 8 月 31 日，为期 90 天，则票据到期的终值为多少元?

4. 一个投资者将积蓄的 50 000 元进行投资，预计每年能获得 10%的回报，那么 10 年后他的资产将是多少元?

5. 从孩子出生，父母就计划为孩子以后的大学教育申请一份免税账户. 假设该账户的年利率为 8%，复利按年计算，为到孩子 18 岁时能够存够 6 万元，父母现在需要存储多少钱?

6. 某人在年利率为 6%的一个账户中存入 1 000 元，如果复利按季计算的话，32 年后他的账户应该有多少钱?

7. 小张想积攒 6 年后旅游所需要的 50 000 元，她选择一个年利率为 4.21%、按复利每年计息一次的银行存储方式，那么小张现在应该存储多少钱才能保证 6 年后积攒够旅游所需要的费用?

8. 某医院 2000 年 5 月 20 日从美国进口一台彩色超声波诊断仪，贷款 20 万美元，以复利计息，年利率为 4%，2009 年 5 月 20 日到期一次还本付息. 若一年计息 2 次，试确定贷款到期时的还款总额.

9. 假如某人向银行贷款 10 万元购买一辆轿车，贷款期限为 5 年，年利率为 3.5%. 问：

(1) 五年后一次性向银行还款多少?

(2) 在以后五年的年末等额摊还，那么还清贷款时的还款总额为多少钱?

10. 因为购买房产，你需要在 20 年内按等额本息还款法偿还一份金额为 80 万元的房贷，银行提供的年利率是 8%. 求：你每月需要还贷款多少钱?

11. 假设你为买车申请了一份贷款，贷款的金额是 10 万元，年利率是 18%，你同意按等额本息还款法在 4 年内还清.

（1）求每月偿还的金额是多少元.

（2）请利用Excel建立偿还贷款的明细表，计算出每月偿还贷款的金额中本金和利息各为多少.

12. 某人向工商银行贷款50万元，采用等额本金还款法，按月还款，10年还清，月利率是4.2‰.

（1）求10年所偿还的总金额是多少.

（2）请利用Excel建立偿还贷款的明细表，计算出每月偿还贷款的金额中本金和利息各为多少.

13. 假设某二室一厅商品房价值100 000元，王某自筹了40 000元，要购房还需贷款60 000元，贷款月利率为1%，条件是每月按等额本息摊还，25年内还清，假如还不起，房子归债权人. 问：王某具有什么能力才能贷款购房呢？

14. 假设某人购房首付需要100万元，请分析以下三种购房首付款筹备的方案中哪一种最理想：

（1）向工商银行办理4年期的贷款，年利率为9%；

（2）向姐姐借款，4年不计利息，到期还本140万元；

（3）向建设银行申请为期20年的贷款，每年年末付款给银行12万元，到期不需还本.

15. 李先生的账单日为每月18日，到期还款日为每月7日. 4月15日，李先生消费3 000.5元，则李先生的“本期应还金额”为3 000.5元，“最低还款额”为301元. 若李先生于5月7日偿还款额为2 000元，则5月18日的对账单的循环利息是多少？

16. 张先生的账单日为每月5日，到期还款日为每月23日. 4月5日，银行为张先生打印的本期账单包括他从3月5日至4月5日之间的所有交易账务. 本月账单周期中张先生仅有一笔消费——3月30日消费金额为5 000元. 张先生的本期账单列印“本期应还金额”为5 000元，“最低还款额”为500元. 若张先生于4月23日只偿还最低还款额500元，则5月5日的对账单的循环利息是多少元？

17. 研究员蒋鑫2020年每月工资18 000元，每月三险一金缴纳扣除4 000元，专项附加扣除2 000元. 试计算2020年蒋鑫全年个人所得税税额.

18. 某企业员工李虎2021年全年工资收入为155 000元. 有一个正在上小学的儿子，子女教育每月扣除1 000元；首套住房贷款利息支出每月1 000元；父母健在，且是独生子女，赡养老人支出每月可以扣除2 000元；三险一金每月缴纳3 000元. 试计算李虎2021年应缴纳的个人所得税税额.

19. 假设安老师2021年12月取得全年一次性奖金58 000元，安老师全年工资收入118 000元，每月三险一金扣除5 000元，专项附加扣除3 000元. 如果全年一次性奖金并入2021年综合所得计算纳税，试计算2021年安老师需缴纳的个人所得税税额.

第二章

概率分析初步

在汽车保险业务中，汽车刮擦的可能性有70%；在抢劫案件中，律师提供的证据只有80%的可能性证明犯罪嫌疑人有罪；在一批产品中，有99%的产品是正品；在一个盛夏的夜晚，气象局发布了凌晨5点钟有50%的可能性会有雷电的警报……在上述每一种情形中，都有某个事件发生的可能性或者说概率．本章将对概率论相关知识进行简单的介绍，主要包括概率基础、树形图辅助概率计算、二项分布和正态分布、期望与决策等内容．通过这些内容的学习，你将了解概率是如何被应用到社会、经济、法学等领域的．

第一节
概率基础

一、加法原理与乘法原理

随着人们生活水平的提高，某城市家庭汽车拥有量迅速增长，汽车牌照号码需要扩容．交通管理部门出台了一种汽车牌照号码组成办法，每一副汽车牌照都必须有 3 个不重复的英文字母和 3 个不重复的阿拉伯数字，并且 3 个字母必须组成一组出现，3 个数字也必须组成一组出现．那么按照这种办法一共能给多少辆汽车上牌照？这就需要用我们将要学习的计数原理来解决．

加法原理：做一件事，完成它可以有 n 类办法，在第一类办法中有 m_1 种不同的方法，在第二类办法中有 m_2 种不同的方法，……，在第 n 类办法中有 m_n 种不同的方法，那么完成这件事共有 $N=m_1+m_2+m_3+\cdots+m_n$ 种不同的方法，且每种方法都能够直接达到目的．

例 1　从甲地到乙地，有 3 条公路、2 条铁路．某人要从甲地到乙地，共有多少种不同的走法？

解　因为每一种走法都能完成从甲地到乙地这件事，有 3 条公路、2 条铁路，所以全部的走法共有 $3+2=5$ 种．

乘法原理：做一件事，完成它需要分成 n 个步骤，做第一步有 m_1 种不同的方法，做第二步有 m_2 种不同的方法，……，做第 n 步有 m_n 种不同的方法，那么完成这件事共有 $N=m_1\times m_2\times m_3\times\cdots\times m_n$ 种不同的方法．

例 2　从甲地到乙地有 3 条道路，从乙地到丙地有 2 条道路，那么从甲地经乙地到丙地共有多少种不同的走法？

解　根据要求，必须先从甲地到乙地，再从乙地到丙地，才能从甲地到达丙地．因为从甲地到乙地有 3 种走法，从乙地到丙地有 2 种走法，所以从甲地到丙地，所有不同的走

法有 $3\times2=6$ 种．

例 3 某大学公共课部有 12 名大学人文教师、8 名大学数学教师、15 名大学英语教师，省教育厅拟组织一次公共课课程研讨会，需要学校派教师参会.

(1) 若需要选派 1 名教师参会，有多少种不同的派法?

(2) 若需要 3 门学科各派 1 名教师参会，有多少种不同的派法?

(3) 若需要选派 2 名不同学科的教师参会，有多少种不同的派法?

解 (1) 分三类：第一类，派大学人文教师，有 12 种不同的派法；第二类，派大学数学教师，有 8 种不同的派法；第三类，派大学英语教师，有 15 种不同的派法.

所以，共有 $12+8+15=35$ 种不同的派法.

(2) 分三步：第一步，派大学人文教师，有 12 种不同的派法；第二步，派大学数学教师，有 8 种不同的派法；第三步，派大学英语教师，有 15 种不同的派法.

所以，共有 $12\times8\times15=1\,440$ 种不同的派法.

(3) 分三类：第一类，派 1 名大学人文教师和 1 名大学数学教师，有 $12\times8=96$ 种不同的派法；第二类，派 1 名大学数学教师和 1 名大学英语教师，有 $8\times15=120$ 种不同的派法；第三类，派 1 名大学人文教师和 1 名大学英语教师，有 $12\times15=180$ 种不同的派法.

所以，共有 $96+120+180=396$ 种不同的派法.

二、组合

从 3 名同学甲、乙、丙中选 2 人去参加一项活动，有多少种不同的选法？即从 3 名同学中选 2 名同学组成一组，共有多少种不同的组合方式？该问题就是我们要学习的组合问题．

概念 1 一般地，从 n 个不同元素中取出 m（$m\leqslant n$）个元素组成一组，叫做从 n 个不同元素中取出 m 个元素的一个**组合**．

概念 2 从 n 个不同元素中取出 m（$m\leqslant n$）个元素的所有不同组合的个数，叫做从 n 个不同元素中取出 m 个元素的**组合数**，用符号 C_n^m 表示．

组合数的计算可由下面的公式（证明略）给出

$$C_n^m=\frac{n\times(n-1)\times(n-2)\times\cdots\times(n-m+1)}{m\times(m-1)\times\cdots\times2\times1},m\leqslant n$$

组合数有以下三个简单性质：

(1) $C_n^m=C_n^{n-m}$；

(2) $C_n^0=1$；

(3) $C_{n+1}^m=C_n^m+C_n^{m-1}$.

例 4　平面内有 10 个点，以其中每 2 个点为端点的线段共有多少条？

解　平面内 10 个点中，任意 2 个点为端点的线段的条数，就是从 10 个不同的元素中取出 2 个元素的组合数，即共有 $C_{10}^{2}=\dfrac{10\times 9}{2\times 1}=45$ 条线段．

例 5　“抗震救灾，众志成城”，在我国汶川“5·12”抗震救灾中，某医院从 10 名医疗专家中抽调 6 名奔赴赈灾前线，其中这 10 名医疗专家中有 4 名是外科专家．问：

(1) 抽调的 6 名专家中恰有 2 名是外科专家的抽调方法有多少种？

(2) 至少有 2 名外科专家的抽调方法有多少种？

解　(1) 分步：首先从 4 名外科专家中任选 2 名，有 C_4^2 种不同的选法，再从除外科专家外的 6 人中选取 4 人，有 C_6^4 种不同的选法，所以共有 $C_4^2\cdot C_6^4=90$ 种抽调方法．

(2)“至少”的含义是不低于，有两种解答方法．

方法一（直接法），按选取的外科专家的人数分类：

① 选 2 名外科专家，共有 $C_4^2C_6^4=90$ 种选法；

② 选 3 名外科专家，共有 $C_4^3C_6^3=80$ 种选法；

③ 选 4 名外科专家，共有 $C_4^4C_6^2=15$ 种选法.

根据加法计数原理，共有 $C_4^2C_6^4+C_4^3C_6^3+C_4^4C_6^2=185$ 种不同的抽调方法．

方法二（间接法），不考虑是否有外科专家，共有 C_{10}^6 种选法；考虑选取 1 名外科专家参加，有 $C_4^1C_6^5$ 种选法；没有外科专家参加，有 C_6^6 种选法．

所以，共有 $C_{10}^6-C_4^1C_6^5-C_6^6=185$ 种抽调方法．

三、概率的定义与性质

明天的天气、被分到的牌、你是否会被染上禽流感、出现在彩票大奖中的数字等都是随机现象. 为了讨论上述现象发生的可能性大小，我们首先介绍概率中的一些基本概念．

概念 3　**随机现象**是指在一定条件下，重复进行某种试验或观察，可能出现这种结果，也可能出现另一种结果，到底出现哪个结果，事先不能确定的现象．

概念 4　针对随机现象进行试验或观察称为**随机试验**．

概念 5　**样本点**是指在一定条件下对随机现象进行试验的每一个可能的结果．

概念 6　**样本空间**是所有样本点组成的集合．

概念 7　随机试验的每一个可能结果或其中一些结果的集合称为**随机事件**，简称**事件**，通常用大写字母 $A,B,C,\cdots$ 表示．

概念 8 在一定条件下，必然会发生的事件称为**必然事件**，记为 Ω.

概念 9 在一定条件下，必然不会发生的事件称为**不可能事件**，记为 $\varnothing$.

概念 10 在不变的条件下，重复进行 n 次试验，事件 A 发生了 k 次，则称 k/n 为事件 A 发生的**频率**．如果随着试验次数的增加，事件 A 发生的频率稳定在某一个常数 p 上，则称该常数 p 为事件 A 的**概率**，记作 $P(A)$，即

$$P(A)=p$$

显然，概率具有下面三个性质：

(1) 对于任意的事件 A，有 $0\leqslant P(A)\leqslant 1$；

(2) 必然事件的概率等于 1，即 $P(\Omega)=1$；

(3) 不可能事件的概率等于 0，即 $P(\varnothing)=0$.

注意 概率的定义刻画了事件发生可能性的大小，当试验次数足够多时，可以把频率作为概率的近似值．

四、加法公式与乘法公式

与集合的交与并运算类似，我们也可以对事件进行交、并运算．

概念 11 事件 A 与事件 B 中至少有一个发生而构成的事件称为事件 A 与事件 B 的**和**（**或并**），记作 $A+B$（或 $A\cup B$）．

概念 12 事件 A 与事件 B 同时发生而构成的事件称为事件 A 与事件 B 的**积**（或**交**），记作 AB（或 $A\cap B$）．

例如，掷一枚骰子，$A=\{$出现的点数是 2 的倍数$\}$，$B=\{$出现的点数是 3 的倍数$\}$，则 $AB=\{$出现的点数既是 2 的倍数，又是 3 的倍数$\}=\{$出现 6 点$\}$．

进一步地，如果 $AB=\varnothing$，则事件 A 与事件 B 不能同时发生，此时，称事件 A 与事件 B **互不相容（互斥）**．

在概率的计算过程中，往往需要用到下面的**加法公式**．

如果 A、B 是随机事件，$P(A+B)=P(A)+P(B)-P(AB)$.

如果 A、B 是随机事件，且 $AB=\varnothing$，则 $P(A+B)=P(A)+P(B)$.

如果 A 是样本空间的事件，则 A 的补事件 $\overline{A}$ 的概率为 $P(\overline{A})=1-P(A)$.

思考 如何借助集合运算的韦恩（Venn）图来理解上述公式？

例 6　某设备由甲、乙两个部件组成，超负荷时，甲出故障的概率为 0.90，乙出故障的概率为 0.85，甲、乙两个部件同时出故障的概率为 0.80，求超负荷时至少有一个部件出故障的概率.

解　设 $A=\{$甲部件出故障$\}$，$B=\{$乙部件出故障$\}$，则

$$P(A)=0.90,\ P(B)=0.85,\ P(AB)=0.80$$

于是

$$P(A+B)=P(A)+P(B)-P(AB)=0.90+0.85-0.80=0.95$$

即超负荷时，至少有一个部件出故障的概率是 0.95.

例 7　某厂出产的一批产品中含有一等品、二等品及废品三种，若一等品、二等品率分别为 80%和 13%，求产品的合格率和废品率.

解　设 $A=\{$合格品$\}$，$\bar{A}=\{$废品$\}$，$A_i=\{$第 i 等品$\}$（$i=1,2$），显然 $A_1A_2=\varnothing$，则

$$P(A)=P(A_1+A_2)=P(A_1)+P(A_2)=0.8+0.13=0.93$$

$$P(\bar{A})=1-P(A)=1-0.93=0.07$$

概念 13　A、B 是两个随机事件，$P(A)>0$，称在事件 A 已经发生的条件下事件 B 发生的概率为**条件概率**，记作 $P(B|A)$.

如果 A、B 是两个随机事件，$P(A)>0$，则 $P(B|A)=\dfrac{P(AB)}{P(A)}$.

思考　你能借助集合运算的韦恩图来理解条件概率公式吗?

例 8　某种电子元件用满 6 000 小时未坏的概率是 0.75，用满 10 000 小时未坏的概率是 0.5. 现有一个这样的电子元件，已经用满 6 000 小时未坏，问它再用 4 000 小时也未坏的概率是多少?

解　设 $A=\{$用满 6 000 小时未坏$\}$，$B=\{$用满 10 000 小时未坏$\}$，则

$$P(A)=0.75,\ P(B)=0.5$$

因为 $B\subset A$，即 $AB=B$，所以 $P(AB)=P(B)=0.5$

$$P(B|A)=\frac{P(AB)}{P(A)}=\frac{0.5}{0.75}=\frac{2}{3}$$

例 9　表 2-1 为某企业男职工与女职工在过去 5 年的升职情况，试说明该企业在职工升职过程中是否存在性别歧视.

表 2-1　某企业职工升职情况表

	男	女	小计
升职人数	80	15	95
未升职人数	220	85	305
小计	300	100	400

解 设 $A=\{男职工\}$，$\overline{A}=\{女职工\}$，$B=\{升职\}$，$\overline{B}=\{未升职\}$，考虑升职过程中是否存在性别歧视，即考虑已知是女职工时升职的概率和已知是男职工时升职的概率，也就是求条件概率 $P(B|A)$ 和 $P(B|\overline{A})$.

从表 2-1 中可知 $P(A)=\dfrac{300}{400}=0.75$，$P(\overline{A})=\dfrac{100}{400}=0.25$，$P(AB)=\dfrac{80}{400}=0.2$，$P(\overline{A}B)=\dfrac{15}{400}=0.0375$.

所以

$$P(B|A)=\frac{P(AB)}{P(A)}=\frac{0.2}{0.75}\approx 0.267$$

$$P(B|\overline{A})=\frac{P(\overline{A}B)}{P(\overline{A})}=\frac{0.0375}{0.25}=0.15$$

显然，在该企业中男职工的升职机会比女职工多一些.

如果事件 A、B 是样本空间中的事件，将条件概率公式变形后，可得到**乘法公式**，即

$$P(AB)=P(B|A)\times P(A)$$

或

$$P(AB)=P(A|B)\times P(B)$$

例 10 已知盒中装有 10 个电子元件，其中 6 个是正品，现从盒中不放回地任取两次，每次取 1 个，问两次都取到正品的概率是多少？

解 设 $A=\{第一次取到正品\}$，$B=\{第二次取到正品\}$，则

$$P(A)=\frac{6}{10},\ P(B|A)=\frac{5}{9}$$

$$P(AB)=P(B|A)\times P(A)=\frac{6}{10}\times\frac{5}{9}=\frac{1}{3}$$

注意 乘法公式还可以推广到多个事件相交的情况.

$$P(A_1A_2\cdots A_n)=P(A_1)P(A_2|A_1)P(A_3|A_1A_2)\cdots P(A_n|A_1A_2\cdots A_{n-1})$$

例 11 袋中有一个白球与一个黑球，现每次从中取出一个球，若取出白球，则除把白球放回外再加进一个白球，直至取出黑球为止，求取了 n 次都未取出黑球的概率.

解 设 $B=\{取了 n 次都未取出黑球\}$，$A_i=\{第 i 次取到白球\}$（$i=1,2,3,\cdots,n$），则 $B=A_1A_2\cdots A_n$，由乘法公式，我们有

$$\begin{aligned}P(B)&=P(A_1A_2\cdots A_n)\\&=P(A_1)P(A_2|A_1)P(A_3|A_1A_2)\cdots P(A_n|A_1A_2\cdots A_{n-1})\\&=\frac{1}{2}\times\frac{2}{3}\times\frac{3}{4}\times\cdots\times\frac{n}{n+1}\\&=\frac{1}{n+1}\end{aligned}$$

五、事件的独立性与贝努利试验

设 A、B 是两个随机事件，$P(A)>0$，一般来说，$P(B|A)\neq P(B)$，即 A 的发生对 B 的发生有影响．如果 $P(B|A)=P(B)$，则乘法公式就可以表示为 $P(AB)=P(A)P(B)$，这时称随机事件 A 和事件 B 是相互独立的．

概念 14 设 A、B 为两个随机事件，若 $P(AB)=P(A)P(B)$，则称事件 A 与事件 B **相互独立**．

关于事件的独立性，有如下性质：

(1) 若两个事件 A、B 相互独立，则 A 与 $\overline{B}$、$\overline{A}$ 与 B、$\overline{A}$ 与 $\overline{B}$ 也相互独立．

(2) 若事件 A_i（$i=1,2,\cdots,n$）相互独立，则有

$$P(A_1A_2\cdots A_n)=P(A_1)P(A_2)\cdots P(A_n)$$

(3) 若事件 A_i（$i=1,2,\cdots,n$）相互独立，则有

$$P(A_1+A_2+\cdots+A_n)=1-P(\overline{A}_1)P(\overline{A}_2)\cdots P(\overline{A}_n)$$

在实际应用中，一般不借助定义来判断事件间的独立性，而是根据问题的具体情况，按照独立性的直观定义或经验来判断事件的独立性．

例 12 甲、乙两人考大学，甲考上本科的概率是 0.5，乙考上本科的概率是 0.4，问：

(1) 甲、乙两人都考上本科的概率是多少？

(2) 甲、乙两人至少一人考上本科的概率是多少？

解 设 $A=\{$甲考上本科$\}$，$B=\{$乙考上本科$\}$，则

$$P(A)=0.5,\ P(B)=0.4$$

(1) 甲、乙两人考上本科的事件是相互独立的，所以两人都考上本科的概率是

$$P(AB)=P(A)P(B)=0.5\times0.4=0.2$$

(2) 甲、乙两人至少一人考上本科的概率是

$$P(A+B)=P(A)+P(B)-P(AB)=0.5+0.4-0.2=0.7$$

例 13 某药厂生产一批产品要经过四道工序，设第一、二、三、四道工序的次品率分别为 0.02、0.03、0.05、0.1. 假定各道工序互不影响，试求该产品的合格品率．

解 设 $A=\{$该产品是合格品$\}$，$A_i=\{$第 i 道工序为次品$\}$（$i=1,2,3,4$），因为产品合格要求四道工序全部合格，则 $A=\overline{A}_1\,\overline{A}_2\,\overline{A}_3\,\overline{A}_4$，所以

$$\begin{aligned}P(A)&=P(\overline{A}_1\,\overline{A}_2\,\overline{A}_3\,\overline{A}_4)=P(\overline{A}_1)P(\overline{A}_2)P(\overline{A}_3)P(\overline{A}_4)\\&=0.98\times0.97\times0.95\times0.9\approx0.8128\end{aligned}$$

概念 15 **贝努利试验**是指满足下面两个条件的随机试验：

(1) 每次试验的条件相同，每次试验的结果只有两个 A 和 $\overline{A}$，且 A 的概率 $P(A)=p$；

(2) 每次试验都是相互独立的．

n 次贝努利试验又称为 n 次独立重复试验，其对应的概率模型称为贝努利概型．在 n 次贝努利试验中，事件 A 恰好发生 k 次的概率为

$$P_n(k)=C_n^k p^k(1-p)^{n-k},\ k=0,1,2,\cdots,n$$

例 14 某种药品对某疾病的治愈率为 60%，今用该药品治疗患者 10 例，问恰好治愈 2 例的概率是多少？

解 治疗 10 例患者相当于做了 10 次贝努利试验，设 $A=$｛2 个患者被治愈｝，则

$$P(A)=P_{10}(2)=C_{10}^2(0.6)^2(0.4)^8\approx 0.0106$$

例 15 某射手每次击中目标的概率是 0.6，如果射击 5 次，试求至少击中 2 次的概率．

解 设 $A=$｛至少击中 2 次｝，$B=$｛击中 0 次｝，$C=$｛击中 1 次｝，则

$$\begin{aligned}P(A)&=1-P(B)-P(C)\\&=1-C_5^0(0.6)^0(0.4)^5-C_5^1(0.6)^1(0.4)^4\\&\approx 0.913\end{aligned}$$

第二节 树形图辅助概率计算

在概率的计算过程中，我们可以将随机试验发生的不同结果按发生的先后顺序用树形图来表示：第一层节点代表试验的不同结果，第二层节点代表在第一层节点已发生的条件下会出现的不同试验结果……以此类推，直到表示完试验的整个过程和结果．树形图辅助概率计算，往往可以使问题变得简单而清晰．

一、树形图辅助乘积事件概率的计算

让我们来看一个例子．

例 16　在美国，参加驾驶员考试的路考通常只有三次机会，有些人认为应该只给两次机会，而有些人则感到对于那些第三次才通过的人而言，这样的规定过于苛刻．从历史的记录来看，60%的人在第一次路考中就能通过，在第二次路考中有75%的人通过，而在第三次路考中只有30%的人通过．求：

(1) 第二次才通过路考的概率?

(2) 第三次才通过路考的概率?

解　设 $A_i=\{$第 i 次通过路考考试$\}$ $(i=1,2,3)$，则容易画出如图 2-1 所示的树形图．

(1) 第二次才通过路考，意味着第一次未通过、第二次通过，故可用图 2-1 中的分支 $O\to\overline{A}_1\to A_2$ 表示．显然，第一次未通过的概率为 $P(\overline{A}_1)=0.4$，第一次未通过的条件下，第二次通过的概率为 $P(A_2|\overline{A}_1)=0.75$. 根据乘法公式，第二次才通过的概率为

$$P(A_2)=P(\overline{A}_1A_2)=P(\overline{A}_1)\cdot P(A_2|\overline{A}_1)=0.4\times0.75=0.3$$

即事件 A_2 的概率等于分支 $O\to\overline{A}_1\to A_2$ 各段上对应概率的乘积．进一步地，计算出所有分支的概率，并标注在图 2-1 上．

(2) 第三次才通过路考，意味着第一次、第二次都未通过且第三次通过，其对应于树形图中的分支为 $O\to\overline{A}_1\to\overline{A}_2\to A_3$，所以

$$P(\overline{A}_1\overline{A}_2A_3)=P(\overline{A}_1)\cdot P(\overline{A}_2|\overline{A}_1)\cdot P(A_3|\overline{A}_1\overline{A}_2)$$
$$=0.4\times0.25\times0.3=0.03$$

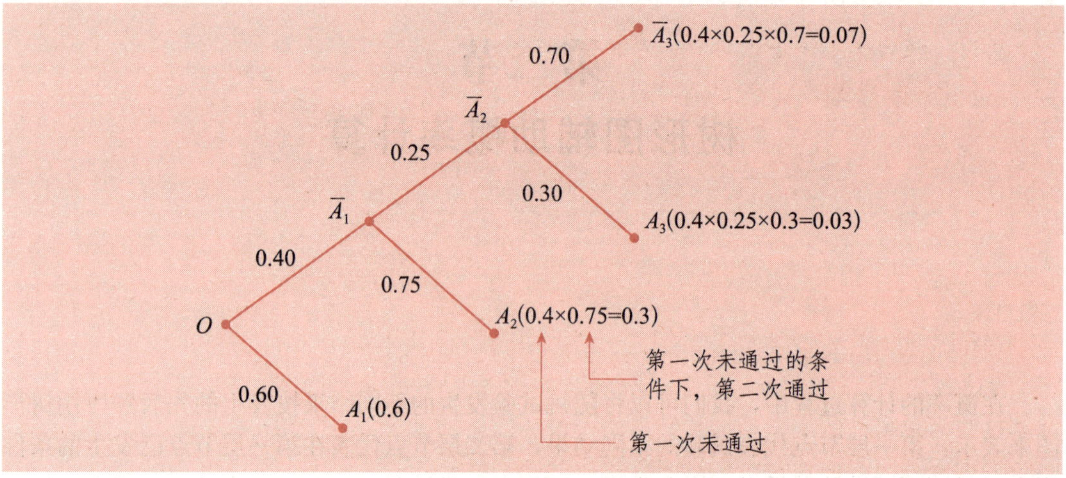

图 2-1　三次路考通过与否情形的树形图

计算结果表明，到了第三次路考才通过的概率仅为0.03，所以减少路考的限制次数不会对参考者产生多大的影响．

例 17　为响应国家号召，某大学生参加村委会主任应聘考核，考核依次分为笔试、面试、试用共三轮，规定只有通过前一轮考核才能进入下一轮考核，否则被淘汰，三轮考核都通过才能正式录用．设该大学生通过三轮考核的概率分别为0.5、0.75、0.8，且各轮考核通过与否相互独立，求该大学生未进入第三轮考核的概率．

解　设 $A_i=$｛该大学生通过第 i 轮考核｝（$i=1,2,3$），画出如图2-2所示的树形图，并标出各分支的概率．

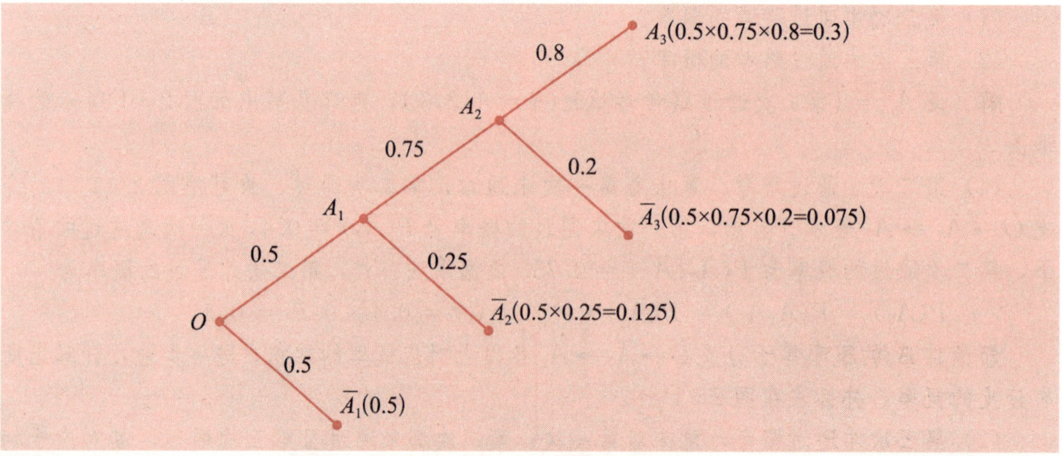

图 2-2　大学生村委会主任通过考核状态树形图

根据图 2-2，该大学生未进入第三轮考核有两种可能，即第一轮未通过考核或第一轮通过考核但第二轮未通过考核，即包含两个分支 $O\to\overline{A}_1$ 和 $O\to A_1\to\overline{A}_2$，它们的概率分别为 $P(\overline{A}_1)=0.5$，$P(A_1\overline{A}_2)=0.5\times0.25=0.125$.

所以，该大学生未进入第三轮考核的概率为

$$\begin{aligned}P(\overline{A}_1+A_1\overline{A}_2)&=P(\overline{A}_1)+P(A_1\overline{A}_2)\\&=0.5+0.125\\&=0.625\end{aligned}$$

二、树形图辅助全概率问题的计算

在概率论中，人们常常希望通过已知的简单事件的概率推算出未知的复杂事件的概率. 为达到这个目的，需要将一个复杂事件分解成若干个互不相容的简单事件的和，分别计算这些简单事件的概率，再利用概率的加法公式和乘法公式得到复杂事件的概率，这就是全概率问题. 下面通过实例说明全概率问题的计算方法.

例 18　仓库有甲、乙两厂生产的同类产品，甲厂产品占 70%，乙厂产品占 30%，甲厂产品中合格品占 95%，乙厂产品中合格品占 90%. 现从仓库中任取一件产品，求取得合格品的概率.

解　设 $A=$ {取得甲厂产品}，$B=$ {取得合格品}，画出树形图，并标出各分支的概率，如图 2-3 所示.

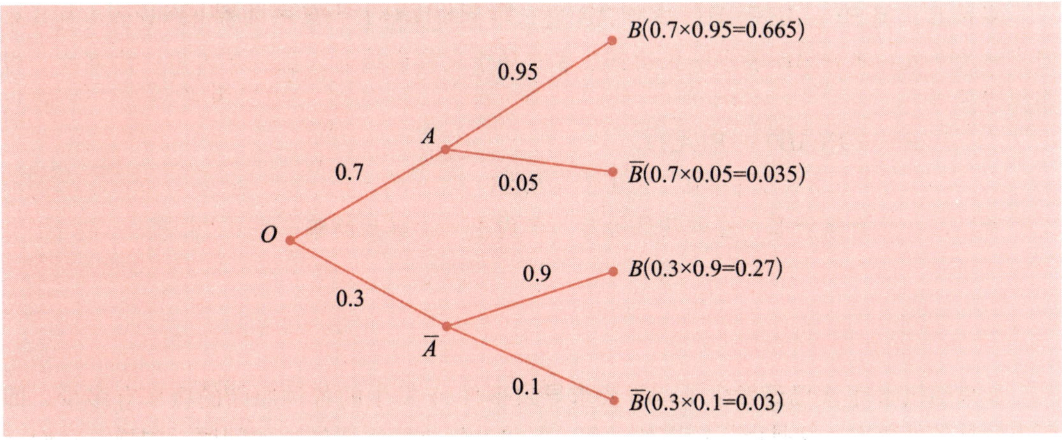

图 2-3　任取一件产品的树形图

显然，事件 B 可分解为两个事件的和，即 $B=AB+\overline{A}B$，事件 AB 表示取出的产品由甲厂生产且为合格品，事件 $\overline{A}B$ 表示取出的产品由乙厂生产且为合格品. 根据树形图得

$$\begin{aligned}P(B)&=P(AB)+P(\overline{A}B)\\&=0.7\times0.95+0.3\times0.9=0.935\end{aligned}$$

所以，取得合格品的概率为 0.935.

例 19 某保险公司认为，开车的人可以分为两类：一类是容易出事故的，另一类则比较谨慎．统计表明：一个容易出事故的人在一年内出一次事故的概率是 0.4，而对于比较谨慎的人来说这个概率是 0.2. 经验表明，第一类人约占 30%. 求一位新保险客户在购买保险后一年内出一次事故的概率.

解 设 $A=\{$容易出事故的人$\}$，$B=\{$一年内出一次事故$\}$，画出树形图，并标出各分支的概率，如图 2-4 所示.

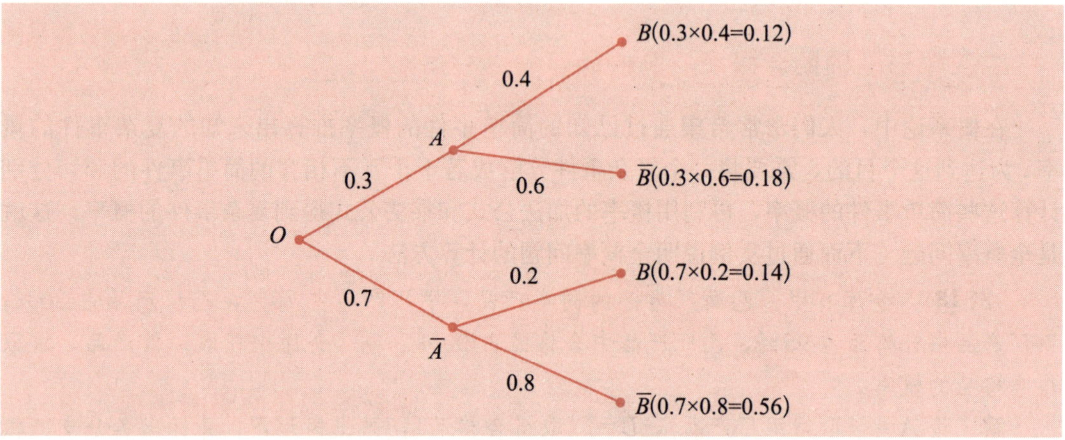

图 2-4 开车出事故的树形图

事件 B 满足 $B=AB+\overline{A}B$，事件 AB 表示一位新保险客户属于容易出事故的人且一年内出一次事故，事件 $\overline{A}B$ 表示一位新保险客户属于比较谨慎的人且一年内出一次事故．根据树形图得

$$\begin{aligned}P(B)&=P(AB)+P(\overline{A}B)\\&=0.3\times 0.4+0.7\times 0.2=0.26\end{aligned}$$

所以，一位新保险客户在购买保险后一年内出一次事故的概率是 0.26.

三、树形图辅助贝叶斯推断

如果随机事件 A 已经发生了，需要求导致事件 A 发生的各种原因的概率有多少，即所求的是条件概率，这是由果探因的过程，是贝叶斯推断需要解决的问题．同样，我们可以利用树形图解决贝叶斯推断问题.

例 20 1981 年 3 月 30 日，美国一所大学的退学学生约翰·辛克利企图对里根总统行刺，他打伤了里根、里根的新闻秘书以及两名保镖.

在 1982 年审判时，辛克利以患有精神病为理由为自己进行无罪辩护．辩护律师也试图拿辛克利的 CAT 扫描结果作为证据，争辩说因为辛克利的 CAT 扫描结果显示了脑萎缩，因而辛克利患有精神分裂症的可能性更大些．在美国，精神分裂症的发病率大约为1.5%，下面从概率的角度对辛克利是否患有精神分裂症进行可能性分析．

以往的临床资料表明，精神分裂症患者扫描结果为脑萎缩的概率约为30%，而健康人扫描结果为脑萎缩的概率约为2%.

解 令$A=$｛精神分裂症患者｝，$B=$｛扫描结果为脑萎缩｝，画出树形图，并标出各分支的概率，如图2-5所示．

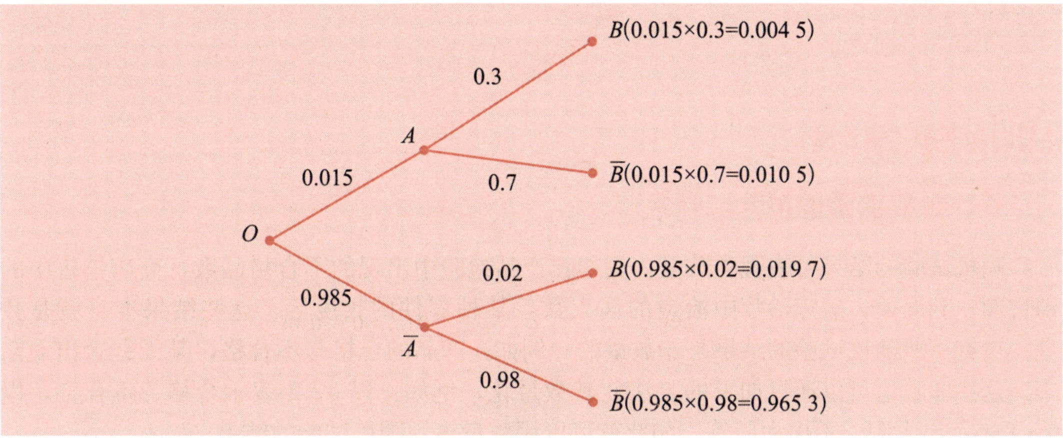

图2-5 脑萎缩扫描的树形图

从概率的角度分析辛克利是否患有精神分裂症，就是求在扫描结果为脑萎缩的条件下，辛克利患有精神分裂症的概率，即求$P(A|B)$.

根据图2-5，对于随机的一个人，其扫描结果为脑萎缩的概率为

$$P(B)=0.015\times0.3+0.985\times0.02=0.024\ 2$$

一个人患有精神分裂症且扫描结果为脑萎缩的概率为

$$P(AB)=0.015\times0.3=0.004\ 5$$

根据条件概率公式，得

$$P(A|B)=\frac{P(AB)}{P(B)}=\frac{0.004\ 5}{0.024\ 2}\approx0.186$$

由结果可知，虽然辛克利的CAT扫描结果显示了脑萎缩，但是他患有精神分裂症的可能性为18.6%，因此从概率的角度不能认为辛克利患有精神分裂症．

第三节
二项分布和正态分布

一、随机变量的概念

随机试验的结果可表现为数量，例如：产品检验中出现的不合格品数，商店销售中的销售额、利润值，医疗治疗中治愈的病人数，某种零件的长度等. 这些结果本身就是数量. 也有一些随机试验的结果是非数量的，例如：产品的合格与不合格，某天是否出太阳等. 这些非数值可以通过如下的方法使其数量化，例如：以 0、1 表示合格、不合格，以 0、1 表示出太阳、不出太阳等. 如此就可以用数量表示随机试验的结果 .

概念 16 随机试验中，每一个试验结果都用一个确定的数字表示 . 这样，随着试验结果变化而变化的变量称为**随机变量** . 随机变量通常用 $X,Y,\xi,\eta,\cdots$ 表示 .

概念 17 如果随机变量 X 的取值只有有限个或可列个数值，则称 X 为**离散型随机变量** .

例如：掷一枚质地均匀的骰子，X 表示骰子掷出的点数；在含有 10 件次品的 100 件产品中，随机地抽取 5 件，Y 表示抽出的 5 件产品中次品的数量. 此处的 X、Y 均为离散型随机变量 .

概念 18 如果随机变量 X 的取值是整个数轴或数轴上的某些区间，则称 X 为**连续型随机变量** .

例如：某林场树木最高达 30 米，ξ 表示林场树木的高度，则 $\xi \in (0,30]$ 为连续型随机变量 . 又如：用 η 表示一批灯泡的使用寿命，则 $\eta \in (0,\infty)$ 为连续型随机变量 .

概念 19 如果离散型随机变量 X 的所有的取值为 $x_1,x_2,\cdots,x_k,\cdots$，且 X 取每一个值 x_i（$i=1,2,\cdots$）的概率 $P(X=x_i)=p_i$，将 X 可能的取值和取这些值的概率列成表 2 - 2.

表 2-2　离散型随机变量的概率分布列

X	x_1	x_2	$\cdots$	x_k	$\cdots$
P	p_1	p_2	$\cdots$	p_k	$\cdots$

表 2-2 称为离散型随机变量 X 的**概率分布列**，简称 X 的**分布列**.

有时为了表达方便，也用等式 $P(X=x_i)=p_i,\ i=1,2,\cdots$ 表示 X 的分布列.

根据概率的性质，离散型随机变量的分布列有如下性质：

(1) $p_i \geqslant 0,\ i=1,2,\cdots$

(2) $p_1+p_2+\cdots+p_i+\cdots=\sum\limits_{i=1}^{\infty}p_i=1$

对于离散型随机变量，在某一范围内取值的概率等于它取这一范围内各个值的概率之和，即 $P(X \geqslant x_k)=P(X=x_k)+P(X=x_{k+1})+\cdots$.

例 21　掷一枚质地均匀的骰子，X 表示骰子掷出的点数，用列表法表示 X 的分布列，并求出 $P(X>4)$.

解　X 的分布列见表 2-3.

表 2-3　X 的分布列

X	1	2	3	4	5	6
P	$\frac{1}{6}$	$\frac{1}{6}$	$\frac{1}{6}$	$\frac{1}{6}$	$\frac{1}{6}$	$\frac{1}{6}$

$$P(X>4)=P(X=5)+P(X=6)=\frac{1}{6}+\frac{1}{6}=\frac{1}{3}$$

二、二项分布

你是否经历过未做任何准备的测验？可能它只有 10 道判断题，也可能是 5 道选择题. 对于这种类型的考试，你如果完全凭猜测答题，答对的概率是多少？如果一家医药公司对一种新的疫苗的药效做出了承诺，我们如何来检测该承诺的可信度？这些问题都可以归结到二项分布的范畴.

概念 20　如果随机变量 X 的分布列为 $P(X=k)=C_n^k p^k(1-p)^{n-k},\ k=0,1,2,\cdots,n$，其中 $0<p<1$，则称随机变量 X 服从参数为 n,p 的二项分布，记作 $X \sim B(n,p)$.

二项分布的实际背景是贝努利概型.

例 22　某服装店老板根据以往的经验估计每个进店顾客购买服装的概率是 0.3，现有 4 名顾客进店，其中有 2 名顾客会购买的概率是多少？

解 设 X 表示会购买服装的顾客人数，则 $X\sim B(4,0.3)$，故所求概率为

$$P(X=2)=C_4^2(0.3)^2(0.7)^2=0.2646$$

例 23 已知某地区人群患有某种病的概率是 0.2，研制某种新药对该病有防治作用，现有 15 个人服用此药，结果都没有得该病，从这个结果我们对该种新药的效果能得到什么结论？

解 15 个人服用该药，可看作 15 次独立重复试验，若该药无效，则每人得病的概率是 0.2，15 个人中得病的人数应服从参数为（15,0.2）的二项分布．设 15 个人中的得病人数为 X，则 15 个人都不得病的概率是

$$P(X=0)=C_{15}^0(0.2)^0(1-0.2)^{15}=0.035$$

这说明，若该药无效，则 15 个人都不得病的可能性只有 0.035，这个概率很小，所以实际上可认为该药有效．

我们可以利用 Excel 中的 BINOMDIST 函数解决二项分布的概率计算问题．

例 24 在美国某一刑事案件中，被告是一名非裔美国人，在被告居住的社区中，只有黑人或白人，其中 50%的居民都是黑人，但 12 名陪审团成员中根本没有黑人列席．这种现象意味着是种族歧视还是偶然事件？

解 设 12 名陪审员中的黑人数为 X，则 $X=0$ 的概率为

$$P(X=0)=C_{12}^0\left(\frac{1}{2}\right)^0\left(\frac{1}{2}\right)^{12}=0.000244$$

或利用 Excel 中的 BINOMDIST 函数（详细使用见实训二），可得

$$P(X=0)=\text{BINOMDIST}(0,12,0.5,0)=0.000244$$

即 12 名陪审员中没有黑人列席的概率仅为 0.000 244，这是一个概率很小的随机事件．根据小概率事件在一次试验中可认为不会发生的原理，即 12 名陪审员中不会出现没有黑人列席的情况，这就说明该社区存在种族歧视现象．

在二项分布中，当 n 较大、p 较小（实际应用中要求 $n\geqslant 10$，$p<0.1$）时，计算较为复杂，这时，二项分布可以用泊松分布近似，有

$$C_n^k p^k(1-p)^{n-k}\approx\frac{\lambda^k}{k!}e^{-\lambda},\ k=0,1,2,\cdots,n$$

其中 $\lambda=np$．法国数学家泊松于 1837 年引入泊松分布，它的定义如下．

概念 21 如果离散型随机变量 X 的分布列为

$$P(X=k)=\frac{\lambda^k}{k!}e^{-\lambda},\ \lambda>0,\ k=0,1,2,\cdots,n$$

则称 X 服从参数为 λ 的泊松分布，记为 $X\sim P(\lambda)$．

与二项分布类似，我们可以利用 Excel 中的 POISSON 函数解决泊松分布的概率计算问题．

例 25 一个电话交换台每分钟收到的呼叫次数服从参数为 4 的泊松分布，求：

(1) 每分钟恰有 8 次呼叫的概率；

(2) 每分钟的呼叫次数大于 10 的概率.

解 设 X 表示每分钟收到的呼叫次数，则 $X \sim P(4)$.

(1) 每分钟恰有 8 次呼叫的概率为

$$P(X=8)=\frac{4^8}{8!}\cdot e^{-4}\approx 0.029\ 77$$

或利用 Excel 中的 POISSON 函数（详细使用见实训二），可得

$$P(X=8)=\text{POISSON}(8,4,0)\approx 0.029\ 77$$

(2) 每分钟的呼叫次数大于 10 的概率为

$$P(X>10)=\sum_{k=11}^{\infty}\frac{4^k}{k!}\cdot e^{-4}\approx 0.002\ 84$$

或利用 Excel 中的 POISSON 函数，可得

$$\begin{aligned}P(X>10)&=1-P(X\leqslant 10)\\&=1-\text{POISSON}(10,4,1)\approx 0.002\ 84\end{aligned}$$

三、正态分布

在自然界、经济、社会等领域内，如人的身高与体重、学生的成绩、人的智商、海浪的高度、农作物的产量、测量的误差等随机变量，都服从一类确定的分布规律，这个分布规律叫做正态分布.

正态分布是在 19 世纪前叶，由高斯在研究误差理论时发现的，通常也称为高斯分布，是应用最广泛的连续型随机变量分布. 如果一个数量指标受到大量的彼此独立且作用微小的随机因素的作用，则这个数量指标就服从或近似服从正态分布. 下面通过一个实例来阐述正态分布的思想和方法.

表 2-4 给出了 100 位调查对象的初婚年龄统计情况.

表 2-4 初婚年龄统计表

区间	频数	频率
18.5～20.5	5	0.05
20.5～22.5	10	0.10
22.5～24.5	20	0.20
24.5～26.5	30	0.30
26.5～28.5	20	0.20
28.5～30.5	10	0.10
30.5～32.5	5	0.05

根据表 2－4 的数据，容易画出它的频率分布直方图，如图 2－6 所示．

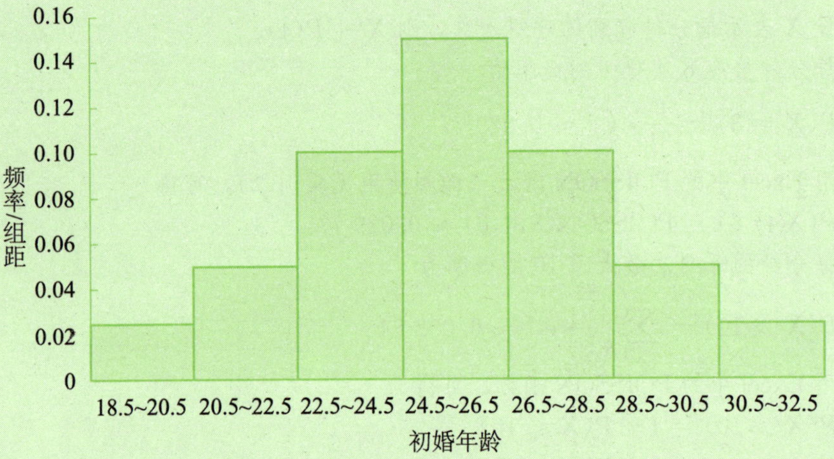

图 2－6　初婚年龄的频率分布直方图

如果我们的调查对象越来越多，年龄区间越分越细，即不以两岁作为一个区间，而是以一岁、半岁……甚至更小的年龄段作为一个区间，则频率分布直方图的形状会越来越像一条钟形曲线，如图 2－7 所示．

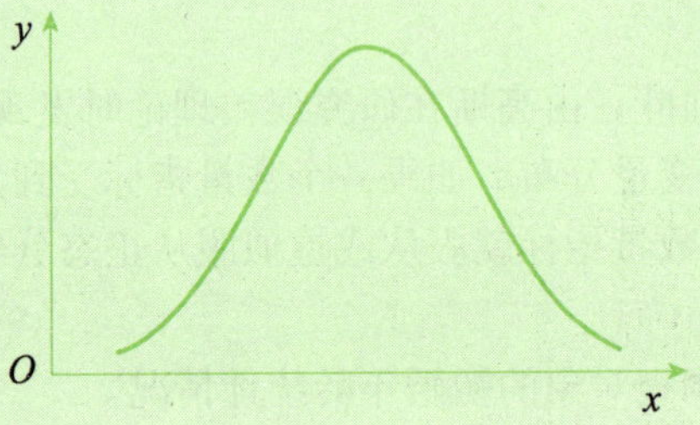

图 2－7　频率分布的极限曲线

这条曲线（近似地）就是下面函数的图像：

$$\varphi(x)=\frac{1}{\sigma\sqrt{2\pi}}e^{-\frac{(x-\mu)^2}{2\sigma^2}},-\infty<x<\infty$$

其中，实数 μ 和 σ 为参数，我们称 $\varphi(x)$ 的图像为**正态分布密度曲线**，简称**正态曲线**．

如果设 X 表示初婚年龄，则 X 是随机变量，X 落在区间 $(a,b]$ 的概率等于图 2－8（1）中阴影部分的面积，X 落在区间 $(-\infty,a]$ 的概率等于图 2－8（2）中阴影部分的面积，X 落在区间 (b,∞) 的概率等于图 2－8（3）中阴影部分的面积．

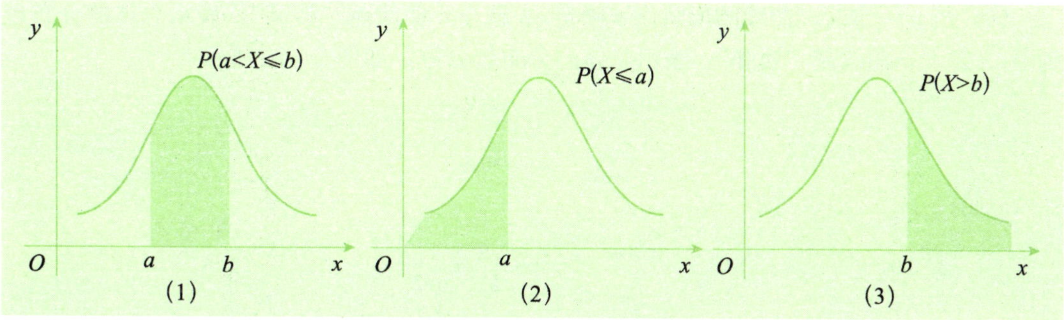

图 2-8 正态分布概率计算示意图

概念 22 一般地，对于随机变量 X，如果存在一条正态曲线

$$\varphi(x)=\frac{1}{\sigma\sqrt{2\pi}}\mathrm{e}^{-\frac{(x-\mu)^2}{2\sigma^2}},-\infty<x<\infty$$

使得任取的 $a<b$，概率 $P(a<X\leqslant b)$ 的大小恰好等于由正态曲线 $\varphi(x)$、过点 $(a,0)$ 和点 $(b,0)$ 的两条垂直于 x 的直线，以及 x 轴所围成的平面图形的面积，则称 X 服从参数为 μ 和 σ 的**正态分布**，记作 $X\sim N(\mu,\sigma^2)$.

显然，正态分布完全由参数 μ 和 σ 确定，其中：参数 μ 是反映随机变量总体的平均水平的特征量，可以用样本均值去估计；参数 σ 是衡量随机变量总体波动大小的特征数，可以用样本标准差去估计.

正态曲线有以下性质：

(1) 曲线位于 x 轴上方，与 x 轴不相交；

(2) 曲线关于直线 $x=\mu$ 对称；

(3) 曲线在 $x=\mu$ 处达到峰值 $\frac{1}{\sigma\sqrt{2\pi}}$；

(4) 曲线与 x 轴围成的面积等于 1；

(5) 当 σ 一定时，曲线的位置由 μ 确定，曲线随着 μ 的变化而沿 x 轴平移，如图 2-9 所示；

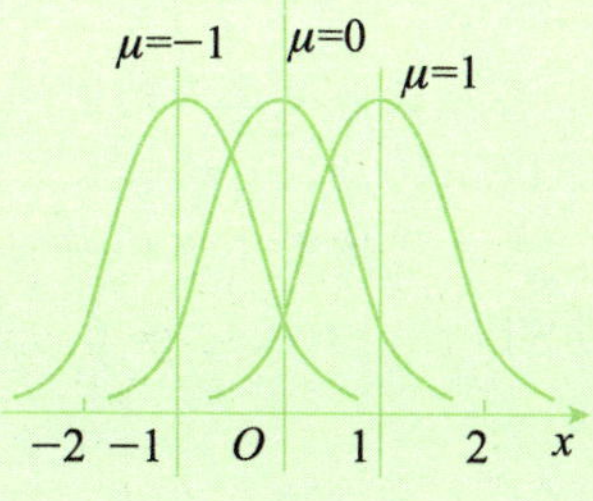

图 2-9 正态分布曲线随 μ 的变化而变化的曲线图

(6) 当 μ 一定时，曲线的形状由 σ 确定，σ 越小，曲线越“瘦高”，表示总体的分布越集中；σ 越大，曲线越“矮胖”，表示总体的分布越分散，如图 2-10 所示．

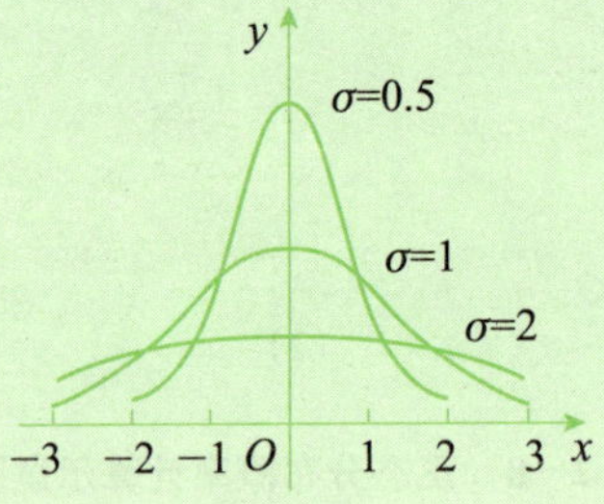

图 2-10 正态分布曲线随 σ 的变化而变化的曲线图

若 $X \sim N(\mu,\sigma^2)$，则 X 对应的概率问题一般可借助 Excel 的 NORMDIST 函数求解，基本使用格式为：

$$P(X \leqslant a) = \text{NORMDIST}(a,\mu,\sigma,1)$$
$$P(a < X \leqslant b) = \text{NORMDIST}(b,\mu,\sigma,1) - \text{NORMDIST}(a,\mu,\sigma,1)$$
$$P(X > b) = 1 - \text{NORMDIST}(b,\mu,\sigma,1)$$

例 26 某凶杀案有甲、乙两个嫌疑人，他们从各自住处到凶杀现场所需时间服从正态分布．甲所用的时间 X 满足 $X \sim N(50,10^2)$，乙所用的时间 Y 满足 $Y \sim N(60,4^2)$．如果仅有 65 分钟可以被利用，谁的作案嫌疑较大？

解 甲在 65 分钟内从住处到凶杀现场的概率为

$$P(X \leqslant 65) = \text{NORMDIST}(65,50,10,1) = 0.933\ 2$$

乙在 65 分钟内从住处到凶杀现场的概率为

$$P(X \leqslant 65) = \text{NORMDIST}(65,60,4,1) = 0.894\ 4$$

从计算结果分析，甲的作案嫌疑相对较大．

例 27 已知某车间工人完成某道工序的时间 X 服从正态分布 $N(10,3^2)$，问：

(1) 从该车间工人中任选一人，求其完成该道工序的时间不超过 7 分钟的概率；

(2) 为了保证生产连续进行，要求以 95% 的概率保证该道工序上工人完成工作的时间不多于 15 分钟，这一要求能否得到保证？

解 依题意可知，$X \sim N(10,3^2)$．

(1) 该车间工人中任选一人，其完成该道工序的时间不超过 7 分钟的概率为

$$P(X \leqslant 7) = \text{NORMDIST}(7,10,3,1) = 0.158\ 7$$

(2) 该车间工人中任选一人，其完成该道工序的时间不超过 15 分钟的概率为

$$P(X \leqslant 15) = \text{NORMDIST}(15,10,3,1) = 0.952\ 2 > 0.95$$

因此可以保证生产连续进行．

例 28 某人被控告是一个新生儿的父亲．此案鉴定人作证时指出，母亲怀孕期的天数近似服从参数为 $\mu = 270$、$\sigma^2 = 100$ 的正态分布．被告提供的供词表明，他在孩子出生时

的前 300 天出国，在孩子出生前 240 天才回来．请问被告能否根据这些证词为自己辩护?

解　设 X 为母亲怀孕期的天数，$X \sim N(270,10^2)$．由题意可知，如果被告是孩子的父亲，则 $X > 300$ 或 $X \leqslant 240$．而

$$\begin{aligned}P(240 < X \leqslant 300) &= \text{NORMDIST}(300,270,10,1) - \text{NORMDIST}(240,270,10,1) \\ &= 0.9973\end{aligned}$$

即

$$P(X > 300 \text{ 或 } X \leqslant 240) = 1 - P(240 < X \leqslant 300) = 0.0027$$

这说明被告是孩子的父亲是几乎不可能发生的事情，因此被告可以根据该证词为自己辩护．

一般地，若 $X \sim N(\mu,\sigma^2)$，概率

$$P(\mu - \sigma < X \leqslant \mu + \sigma) = 0.6827$$

$$P(\mu - 2\sigma < X \leqslant \mu + 2\sigma) = 0.9545$$

$$P(\mu - 3\sigma < X \leqslant \mu + 3\sigma) = 0.9973$$

即上述概率跟参数 μ 和 σ 的具体取值无关．

同时可以看出，正态总体取值几乎总位于区间 $(\mu - 3\sigma, \mu + 3\sigma)$ 之内，而在此区间之外取值的概率只有 0.002 7，通常认为这种情况几乎是不可能发生的．在实际应用中，通常认为服从正态分布 $N(\mu,\sigma^2)$ 的随机变量 X 几乎只取 $(\mu-3\sigma,\mu+3\sigma)$ 之间的值，我们称之为**正态分布的 3σ 原则**．

第四节
期望与决策

一、期望与方差

随机变量 X 的分布能够确定与该随机变量相关事件的概率，但是在实际问题中，有时候我们更感兴趣的是随机变量的某些数字特征．例如：要了解某个企业职工工资的总体水平，不仅要了解该企业职工的平均工资，还要了解该企业职工工资是否呈“两极分化”，即需要考察该企业职工工资的方差．

概念 23　对于一个离散型随机变量 X，若它可能的取值为 $x_1,x_2,\cdots,x_n$，相应的概率为 $p_1,p_2,\cdots,p_n$，则称

$$EX=x_1p_1+x_2p_2+\cdots+x_np_n$$

为随机变量 X 的**均值**或**数学期望**．它反映了离散型随机变量 X 取值的平均水平．

随机变量数学期望的性质包括以下几点：

（1）若 X 为随机变量，$Y=aX+b$（其中 a,b 为常数）也是随机变量，且 $P(X=x_i)=P(Y=ax_i+b)$，$i=1,2,\cdots,n$，则 $EY=aEX+b$.

（2）如果随机变量 X 服从二项分布，即 $X\sim B(n,p)$，则 $EX=np$.

（3）如果随机变量 X 服从正态分布，即 $X\sim N(\mu,\sigma^2)$，则 $EX=\mu$.

例 29　10 000 张奖券中，有 1 张一等奖，奖金 1 000 元，10 张二等奖，每张奖金 100 元，100 张三等奖，每张奖金 10 元．现从 10 000 张奖券中抽出 1 张，求 1 张奖券的期望收益．

解　若抽到一等奖，奖金是 1 000 元；若抽到二等奖，奖金是 100 元；若抽到三等奖，奖金是 10 元．因此 1 张奖券的期望收益为

$$\frac{1}{10\,000}\times 1\,000+\frac{10}{10\,000}\times 100+\frac{100}{10\,000}\times 10=0.3(\text{元})$$

这个结果意味着抽 1 张奖券的期望收益为 0.3 元．

例 30　某房地产公司准备投标一处建筑项目．如果中标，获利 500 万元的概率为 50%，中标后由于建筑提价等因素影响而损失 200 万元的概率为 40%，投标不中的概率为

10%．房地产公司投标的期望收益是多少万元？

解　设房地产公司投标的收益为 X，取值分别为 500 万元、－200 万元和 0 万元，概率分布见表 2－5．

表 2－5　投标的损益表　　利润单位：万元

X	500	－200	0
P	0.5	0.4	0.1

期望收益为

$$EX = 500 \times 0.5 + (-200) \times 0.4 + 0 \times 0.1 = 170\text{（万元）}$$

即房地产公司投标该项目的期望收益是 170 万元．

在实际情况中，只了解随机变量的数学期望（均值）是不够的，还要考虑随机变量的取值与均值的偏离程度，用它来刻画随机变量取值的稳定性，即方差．

概念 24　对于一个离散型随机变量 X，若它可能的取值为 $x_1, x_2, \cdots, x_n$，相应的概率为 $p_1, p_2, \cdots, p_n$，则称

$$DX = (x_1 - EX)^2 p_1 + (x_2 - EX)^2 p_2 + \cdots + (x_n - EX)^2 p_n$$

为随机变量 X 的方差，称 $\sqrt{DX}$ 为 X 的标准差，记为 σX．

随机变量 X 的方差、标准差也是随机变量 X 的特征数，它们都反映了随机变量 X 取值的稳定和波动、集中和离散程度，DX 越小，稳定性越高，波动越小．

随机变量方差的性质包括以下几点：

(1) 设 a、b 为常数，则 $D(aX+b) = a^2 DX$.

(2) $Dc=0$（其中 c 为常数）．

(3) 如果随机变量 X 服从二项分布，即 $X \sim B(n,p)$，则 $DX = np(1-p)$.

(4) 如果随机变量 X 服从正态分布，即 $X \sim N(\mu,\sigma^2)$，则 $DX = \sigma^2$.

例 31　随机抛掷一枚质地均匀的骰子，求抛掷骰子点数的均值、方差．

解　抛掷骰子所得点数 X 的分布列见表 2－6.

表 2－6　抛掷骰子所得点数 X 的分布列

X	1	2	3	4	5	6
P	$\frac{1}{6}$	$\frac{1}{6}$	$\frac{1}{6}$	$\frac{1}{6}$	$\frac{1}{6}$	$\frac{1}{6}$

从而

$$EX = 1 \times \frac{1}{6} + 2 \times \frac{1}{6} + 3 \times \frac{1}{6} + 4 \times \frac{1}{6} + 5 \times \frac{1}{6} + 6 \times \frac{1}{6} = 3.5$$

$$DX = (1-3.5)^2 \times \frac{1}{6} + (2-3.5)^2 \times \frac{1}{6} + (3-3.5)^2 \times \frac{1}{6}$$

$$+(4-3.5)^2\times\frac{1}{6}+(5-3.5)^2\times\frac{1}{6}+(6-3.5)^2\times\frac{1}{6}\approx 2.92$$

例 32 在某地举办的射击比赛中，规定每位射手射击10次，每次一发．记分的规则为：击中目标一次得3分，未击中目标得0分，并且凡参赛的射手一律另加2分．已知射手小李击中目标的概率为0.8，求小李在比赛中得分的数学期望与方差．

解 用X表示小李击中目标的次数，Y表示他的得分，则由题意知$X\sim B(10,0.8)$，$Y=3X+2$.

因为 $EX=10\times 0.8=8$

$DX=10\times 0.8\times 0.2=1.6$

所以 $EY=E(3X+2)=3EX+2=3\times 8+2=26$

$DY=D(3X+2)=9DX=9\times 1.6=14.4$

例 33 有甲、乙两家单位都愿意聘用你，而你能获得的信息见表2-7、表2-8.

表2-7 关于甲单位的信息

甲单位不同职位月工资（X_1）	1 200	1 400	1 600	1 800
获得相应职位的概率（P_1）	0.4	0.3	0.2	0.1

表2-8 关于乙单位的信息

乙单位不同职位月工资（X_2）	1 000	1 400	1 800	2 200
获得相应职位的概率（P_2）	0.4	0.3	0.2	0.1

根据工资待遇的差异情况，你愿意选择哪家单位？

解 根据月工资的分布列，可得

$$EX_1=1\,200\times 0.4+1\,400\times 0.3+1\,600\times 0.2+1\,800\times 0.1=1\,400$$

$$DX_1=(1\,200-1\,400)^2\times 0.4+(1\,400-1\,400)^2\times 0.3+(1\,600-1\,400)^2\times 0.2+(1\,800-1\,400)^2\times 0.1=40\,000$$

$$EX_2=1\,000\times 0.4+1\,400\times 0.3+1\,800\times 0.2+2\,200\times 0.1=1\,400$$

$$DX_2=(1\,000-1\,400)^2\times 0.4+(1\,400-1\,400)^2\times 0.3+(1\,800-1\,400)^2\times 0.2+(2\,200-1\,400)^2\times 0.1=160\,000$$

因为$EX_1=EX_2$，$DX_1<DX_2$，所以两家单位的平均工资相等，但甲单位不同职位的工资相对集中，乙单位不同职位的工资相对分散．这样，如果你希望不同职位的工资差距小一些，就选择甲单位；如果你希望不同职位的工资差距大一些，就选择乙单位．

利用均值和方差的意义可以分析、解决实际问题，也就是当我们希望实际的平均水平比较理想时，则先求它们的均值．但是不要误认为均值相等时，它们都一样好，这时，还应看它们相对于均值的偏离程度，也就是看哪一个相对稳定（即计算方差的大小）．如果我们希望比较稳定，则应先考虑方差，再考虑均值是否接近．

二、风险决策

风险与机会是决策中的一对矛盾．风险也意味着不确定，也就是说某投资机会的收益带有很大的不确定性，一旦成功会带来很大的收益，而一旦失败可能会带来灭顶的损失．所以对风险型问题进行决策的当事人，往往需要经过慎重的考虑分析才能做决定．运用数学期望准则，预计某方案的收益，作为投资决策的参考是比较客观的，会为决策者带来一定的帮助．

期望值决策准则：

（1）对于每种方案，将每个收益乘以相应自然状态的概率，再将乘积相加就得到这个方案的期望收益；

（2）期望值决策准则选择具有最大期望收益的方案．

例 34　某企业家需要就该企业是否与另一家外国企业合资联营做出决策．根据有关专家估计，合资联营的成功率为 0.4. 若合资联营成功，可增加利润 7 万元；若失败，将减少利润 4 万元；若不联营，则利润不变．此企业家应做出何种决策？

解　用 X 表示选择合资联营能增加的利润值．

$P(X=7)=0.4, P(X=-4)=0.6$

$EX=7\times 0.4+(-4)\times 0.6=0.4$

E [不联营] $=0$

由于不合资联营，增加的利润为零，根据期望值决策准则，应做出合资联营的决策．

例 35　某工厂要确定下一年度产品的生产计划，并拟定了三个可供选择的生产方案：甲方案、乙方案和丙方案．而该产品的销路可能有好、一般、差三种情况．根据以往的经验，未来市场出现销路好坏的可能性以及各种方案在各种销路下工厂的收益见表 2-9. 决策者应选择哪种方案使工厂获利最大？

表 2-9　工厂的损益表　　利润单位：万元

方案	销路好	销路一般	销路差
甲方案	40	26	15
乙方案	35	30	20
丙方案	30	24	20
概率	0.3	0.5	0.2

解　这是一个风险型决策问题：

E [甲方案] $=40\times 0.3+26\times 0.5+15\times 0.2=28$（万元）

E [乙方案] $=35\times 0.3+30\times 0.5+20\times 0.2=29.5$（万元）

E [丙方案] $=30\times 0.3+24\times 0.5+20\times 0.2=25$（万元）

根据期望值决策准则，乙方案为最优方案．

例 36 金海洗衣机厂明年将售给某市五金公司 5 000 台洗衣机，约定保修一年．该厂对洗衣机保修工作有以下两个方案可供选择：

(1) 委托五金公司承包维修业务，为期一年，维修次数不限，共需一次支付修理费 2 400 元．

(2) 委托该市洗衣机维修中心承担维修业务，但该维修中心提出：一年内只能接受维修 500 次，共需支付修理费 1 500 元；若超过 500 次，每增加一次需另付维修费 5 元．

另根据过去的经验及当前产品的质量实际情况估计，今后一年内洗衣机可能出现维修的次数及其发生的概率见表 2－10.

表 2－10　洗衣机厂的维修次数表

维修次数 X	500 次以下	600 次	700 次	800 次
概率	0.4	0.3	0.2	0.1

问：该厂应选择哪个方案？

解 若选择第 (1) 个方案，则工厂将支出维修费 2 400 元．

若选择第 (2) 个方案，则工厂根据维修次数应该支出维修费以及相应的概率见表 2－11.

表 2－11　洗衣机厂的维修费用表

维修次数 X	500 次以下	600 次	700 次	800 次
维修费用	1 500	2 000	2 500	3 000
概率	0.4	0.3	0.2	0.1

则支出维修费的期望值为

$$EX = 1\,500 \times 0.4 + 2\,000 \times 0.3 + 2\,500 \times 0.2 + 3\,000 \times 0.1 = 2\,000 \text{（元）}$$

根据期望值决策准则，选择第 (2) 个方案．

在实际问题中，决策方案的最佳选择是将数学期望最大的方案作为最佳方案加以实施；如果各种方案的数学期望相同，则应根据它们的方差来选择决策方案，至于选择哪一方案，视实际情况而定．

实训二
利用 Excel 计算概率

【实训目的】

◇ 掌握利用 Excel 计算二项分布、泊松分布、正态分布的概率以及累积概率；

◇ 掌握利用 Excel 绘制二项分布图表.

【实训内容】

实训 1 一个推销员打了 6 个电话，每一个电话推销成功的概率是 0.4，请利用 Excel 建立推销成功次数的概率分布图.

操作步骤

第一步：这是一个二项分布问题，先在 Excel 中建立好概率分布表的框架，如图 2-11 所示.

	A	B	C	D	E	F
1	二项分布概率分布表					
2	实验总次数	6				
3	每次成功概率	0.4				
4						
5		概率				
6	成功次数(k)	P(Y=k)	P(Y<=k)	P(Y<k)	P(Y>k)	P(Y>=k)
7	0					
8	1					
9	2					
10	3					
11	4					
12	5					
13	6					

图 2-11 概率分布表框架

第二步：在 B7 单元格中输入“=BINOMDIST()”，并单击插入函数“f_x”，如图 2-12 所示.

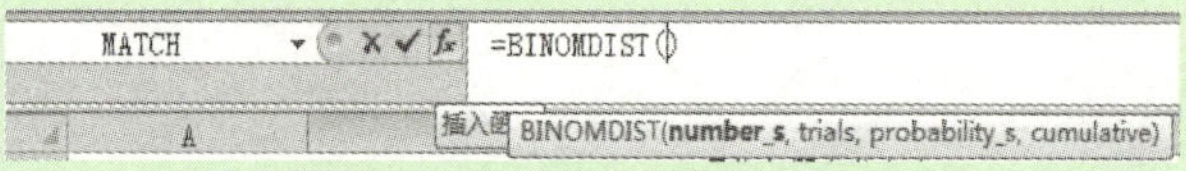

图 2-12　输入二项分布命令

第三步：在弹出的 BINOMDIST 函数参数对话框中，分别输入试验成功次数、试验总次数、一次试验中成功的概率和决定函数形式的逻辑值，单击“确定”，如图 2-13 所示，即可得相应的概率值．

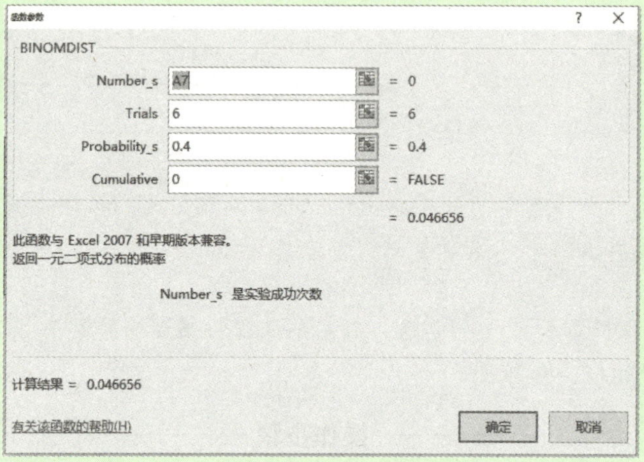

图 2-13　输入二项分布参数

说明　BINOMDIST 函数返回二项分布的概率值，其语法为：

BINOMDIST(number _ s，trials，probability _ s，cumulative)

其中，number _ s 为试验成功的次数，trials 为独立试验的次数，probability _ s 为每次试验中成功的概率，cumulative 为逻辑值．如果求概率 $P(X \leqslant k)$，使用 TRUE（或 1）；如果求概率 $P(X = k)$，使用 FALSE（或 0）．

第四步：同理，在 C7 至 F7 单元格内分别输入如图 2-14 所示的概率计算公式．

	A	B	C	D	E	F
1			二项分布概率分布表			
2	实验总次数	6				
3	每次成功概率	0.4				
4						
5			概率			
6	成功次数(k)	P(Y=k)	P(Y<=k)	P(Y<k)	P(Y>k)	P(Y>=k)
7	0	=BINOMDIST(A7,6,0.4,0)	=BINOMDIST(A7,6,0.4,1)	=C7-B7	=1-C7	=1-D7
8	1					
9	2					
10	3					
11	4					
12	5					
13	6					

图 2-14　扩展计算公式输入

第五步：选取 B7 至 F7 单元格，并拖动“填充柄”至 F13 单元格完成公式的拷贝操作，计算结果如图 2－15 所示．

二项分布概率分布表					
实验总次数	6				
每次成功概率	0.4				
	概率				
成功次数(k)	P(Y=k)	P(Y<=k)	P(Y<k)	P(Y>k)	P(Y>=k)
0	0.046656	0.046656	0	0.953344	1
1	0.186624	0.23328	0.046656	0.76672	0.953344
2	0.31104	0.54432	0.23328	0.45568	0.76672
3	0.27648	0.8208	0.54432	0.1792	0.45568
4	0.13824	0.95904	0.8208	0.04096	0.1792
5	0.036864	0.995904	0.95904	0.004096	0.04096
6	0.004096	1	0.995904	0	0.004096

图 2－15　计算结果

第六步：选择 B7 至 B13 单元格所有数据，选取“插入”菜单的“图表”子菜单，选择“柱状图”，然后单击“下一步”．

第七步：选择相应图表布局，并分别键入图表名称“二项分布图”、X 轴名称“成功次数”、Y 轴名称“成功概率”，单击“完成”按钮即可生成二项分布图，如图 2－16 所示．

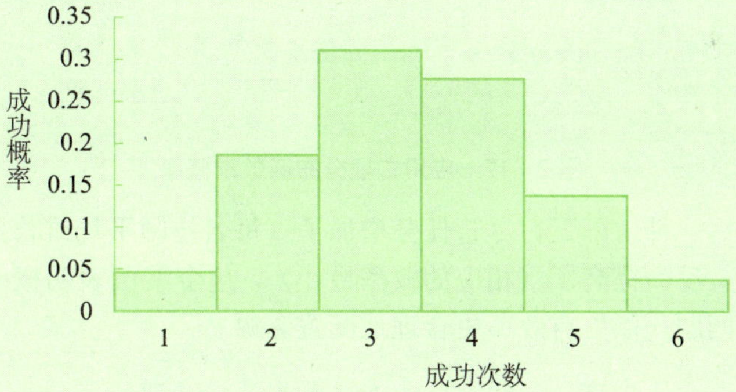

图 2－16　二项分布图

实训 2　某车间有 160 台同型号的自动车床独立工作，每台车床发生故障的概率都是 0.01. 假设发生故障时每台车床必须由 1 名技师处理．求：

（1）若由 1 名技师负责维修 20 台车床，求车床发生故障时不能及时维修的概率．

（2）若由 3 名技师共同负责维修 80 台车床，求车床发生故障时不能及时维修的概率．

问题分析：

用 X 表示同一时刻发生故障的车床数．

第一种情形：X 服从 $B(20,0.01)$ 的二项分布，车床发生故障时不能及时维修，即同时有 2 台或 2 台以上发生故障.

第二种情形：X 服从 $B(80,0.01)$ 的二项分布，车床发生故障时不能及时维修，即同时有 4 台或 4 台以上发生故障．

根据二项分布的概率分布，可分别计算两种情况下车床发生故障时不能及时维修的概率．

操作步骤

第一步：新建 Excel 工作表，输入标题“应用二项分布 BINOMDIST 函数求概率”．

第二步：分别单击 C2、C3、C4 单元格，输入已知参数值：$N=20$，$p=0.01$，$x=1$．

第三步：计算车床发生故障时不能及时维修的概率．先求同时出现故障台数小于等于 1 的概率，在 C5 单元格中输入“=BINOMDIST(C4,C2,C3,1)”；再求 1 名技师时发生故障不能及时维修的概率，单击 C6 单元格，输入“=1−C5”即可求得．

用同样的方法可求得 3 名技师时发生故障不能及时维修的概率，结果如图 2 - 17 所示．

C5　fx =BINOMDIST(C4,C2,C3,1)

	A	B	C
1	应用二项分布BINOMDIST函数求概率		
2		N	20
3		p	0.01
4		x	1
5	同时出现故障台数小于等于1的概率		0.983141
6	1名技师时发生故障不能及时维修的概率		0.016859
7			
8		N	80
9		p	0.01
10		x	3
11	同时出现故障台数小于等于3的概率		0.991341
12	3名技师时发生故障不能及时维修的概率		0.008659

图 2 - 17　应用二项分布函数求概率

不难发现，在后一种情形下，尽管任务增加了（每名技师平均维修约 27 台），但工作效率不仅没有降低，反而提高了（相应的概率更小）．这个案例表明概率方法可以用来讨论经济学中的某些问题，以更有效、更合理地配置资源．

实训 3　在某生物试验中，已知 100 平方厘米的某培养皿中平均菌落数为 6 个，试估计该培养皿菌落数等于 3 个的概率．

操作步骤

第一步：这是一个泊松分布问题，先在 Excel 中建好表格的框架，如图 2 - 18 所示．

	A	B
1	应用泊松分布求概率	
2	菌落数X	3
3	均值mean	6
4	菌落数X等于3个的概率	
5	P(X=3)	

图 2 - 18　泊松分布计算表框架

第二步：单击 B5 单元格，点击插入函数“ f_x ”，选择“POISSON”函数，在函数参数对话框中分别输入“B2”“B3”“0”，点击“确定”，如图 2－19 所示．

图 2－19　输入泊松分布参数

第三步：计算结果如图 2－20 所示．

	A	B
1	应用泊松分布求概率	
2	菌落数X	3
3	均值mean	6
4	菌落数X等于3个的概率	
5	P(X=3)	0.089235078

图 2－20　泊松分布计算结果

说明　POISSON 函数返回泊松分布，通常用于预测一段时间内事件发生的次数，比如一分钟内通过收费站的车辆的数量．其语法为：

POISSON (x, mean, cumulative)

其中，x 为事件数，mean 为期望值，cumulative 为逻辑值，用法同二项分布．

实训 4　一批电池用于手电筒．从中任取 20 节，测得其使用寿命的均值为 35.6 小时、标准差为 4.4 小时．试估计：

(1) 现随机从这批电池中任意取 1 节用于手电筒，这节电池可持续使用不超过 40 小时的概率是多少？

(2) 这批电池 80%的使用时间不会超过多少小时？

操作步骤

第一步：这是一个正态分布问题，先在 Excel 中建好表格的框架，如图 2－21 所示．

	A	B
1	应用正态分布求概率	
2	均值mean	35.6
3	标准差standard_dev	4.4
4	持续使用时间不超过40小时的概率	
5	P(X≤40)=?	
6	80%的电池使用时间不会超过多少小时？	
7	P(X≤？)=80%	

图 2－21　正态分布计算表框架

第二步：单击 B5 单元格，点击插入函数“f_x”，选择“NORMDIST”函数，在函数参数对话框中分别输入“40”“B2”“B3”“1”，点击“确定”，完成第（1）个问题的计算，如图 2－22 所示．

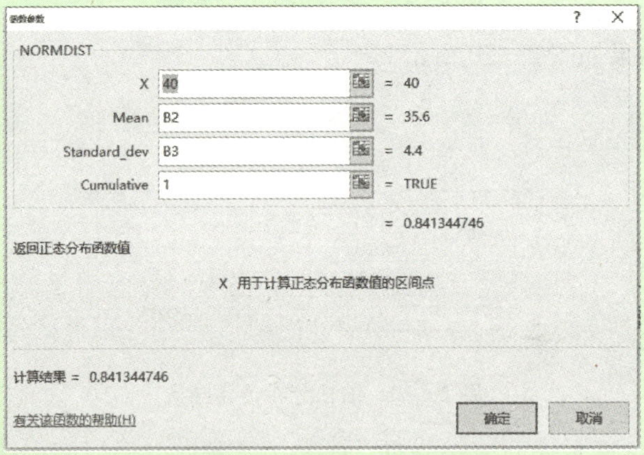

图 2－22　输入正态分布参数

第三步：计算结果如图 2－23 所示．

	A	B
1	应用正态分布求概率	
2	均值mean	35.6
3	标准差standard_dev	4.4
4	持续使用时间不超过40小时的概率	
5	P(X≤40)=?	0.841344746

图 2－23　正态分布计算结果

说明 NORMDIST 函数返回指定平均值和标准差的正态累积分布函数值．其语法为：

NORMDIST（x,mean,standard _ dev,cumulative）

其中，x 为分布要计算的值，mean 为均值，standard _ dev 为标准差，cumulative 为逻辑值．求概率 $P(X \leqslant x)$ 时，使用 TRUE（或 1）；求正态分布曲线在一点的函数值时，使用 FALSE（或 0）．

第四步：单击 B7 单元格，点击插入函数“f_x”，选择“NORMINV”函数，在函数参数对话框中分别输入“0.8”“B2”“B3”，点击“确定”，完成第（2）个问题的计算，如图 2－24 所示．

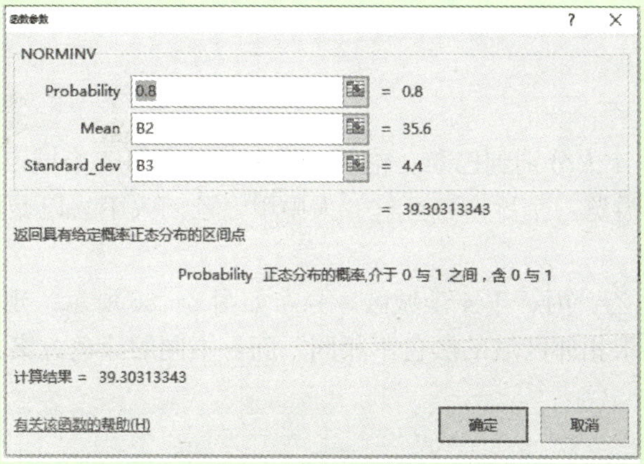

图 2－24 输入正态分布逆分布参数

第五步：计算结果如图 2－25 所示．

	A	B
1	应用正态分布求概率	
2	均值mean	35.6
3	标准差standard_dev	4.4
6	80%的电池使用时间不会超过多少小时？	
7	P(X≤？)=80%	39.30313343

图 2－25 正态分布逆分布计算结果

说明 NORMINV 函数返回指定平均值和标准差的正态累积分布的逆分布，其语法为：

NORMINV（probability,mean,standard _ dev,cumulative）

其中，probability 为正态分布的概率值，mean 为均值，standard _ dev 为标准差．

练习二

1. 从 6 人中选出 4 人分别到巴黎、伦敦、悉尼、莫斯科 4 个城市游览，要求每个城市有一人游览，每人只游览一个城市，且这 6 人中甲、乙两人不去巴黎游览，则有多少种不同的选择方案？

2. 某城市有甲、乙、丙、丁 4 个城区，分布如图 2－26 所示. 现用 5 种不同的颜色涂在该城市地图上，要求相邻区域的颜色不相同. 问：不同的涂色方案共有多少种？

图 2－26　甲、乙、丙、丁 4 个城区分布图

3. 某人决定投资 8 种股票和 4 种债券，经纪人向他推荐了 12 种股票和 7 种债券. 问：此人有多少种不同的投资方式？

4. 有一种品牌的电视机，它使用 8 年不坏的概率是 0.95，10 年不坏的概率是 0.8. 问：该品牌电视机在使用了 8 年后，再使用 2 年不坏的概率是多少？

5. 设在一盒子中装有 100 只电子元件，5 只是次品，95 只是正品，从中接连地取两次，每次任取一只，取后不再放回. 问：两次都取到正品的概率是多少？

6. 甲、乙两人独立地向同一目标射击，他们射中目标的概率分别是 0.8 和 0.7. 试求：

（1）两人同时射中目标的概率；

（2）恰有一人射中目标的概率；

（3）至少有一人射中目标的概率.

7. 从应届高中生中选拔飞行员，已知这批学生体型合格的概率为 1/3，视力合格的概率为 1/6，其他几项标准合格的概率为 1/5. 从中任选一名学生，问：该生三项标准均合格（假设三项标准互不影响）的概率是多少？

8. 某种产品的次品率为 0.05，现从一大批该产品中抽出 20 个进行检验. 问：20 个该产品中恰有 2 个次品的概率是多少？

9. 某学生选修一门可以有三次考试机会的课程，第一次考试时，他能通过的概率为 0.2. 如果第一次没通过，他在第二次通过的概率增加到 0.3，因为考过一次总能学到东西. 如果前两次都没有通过，则第三次通过的概率是 0.4. 试估计这名学生能通过这门课程的概率 .

10. 已知某地区的男女之比为 13 : 12，其中 3%的男人是色盲，0.8%的女人是色盲. 现随机抽查 1 人，问：这个人是色盲的概率是多少？

11. 在外出度假时，你托邻居帮忙，给快要凋谢的花浇水 . 不浇水情况下花凋谢的概率为 0.8，浇水情况下花仍会凋谢的概率为 0.15. 有 90%的把握确信你的邻居会记着帮你给花浇水 . 试求：

（1）在你回来时，花活着的概率是多少？

（2）如果花凋谢了，则你的邻居忘记浇水的概率有多大？

12. 某射手对目标进行射击，若每次射击的命中率为 0.8，求射击 10 次中：

（1）恰好击中 3 次的概率；

（2）至少击中 9 次的概率 .

13. 某次数学考试中，考生的成绩 X 服从一个正态分布，即 $X \sim N(90,100)$.

（1）求考试成绩 X 位于区间 $(70,100]$ 上的概率.

（2）若这次考试共有 2 000 名考生，试估计考试成绩在 $(80,100]$ 间的考生大约有多少人.

14. 某灯管厂生产的新型节能灯管的使用寿命（单位：小时）为随机变量 Y，已知 $Y \sim N(1\,000,30^2)$，要使灯管的平均寿命为 1 000 小时的概率为 99.73%. 问：灯管的最低寿命应控制在多少小时以上？

15. 设某厂生产某种电子产品的寿命 X 服从 $X \sim N(8,2^2)$ 的正态分布 . 问：

（1）该产品的寿命不超过 5 年的概率是多少？

（2）该产品的寿命大于 10 年的概率是多少？

（3）为了提高产品竞争能力，厂方需要向用户做出该产品在一定使用期限内出现质量问题可以免费更换的承诺. 该厂希望将免费更换率控制在 1%内，则包换年限最长可定为几年？

16. 银行常以某一科目在银行间往来账目记录记账来衡量会计员的工作量。其中，一笔记账为一标准工作量. 根据 3 个营业员 72 天的统计，会计员的日人均工作量为 $\mu=253.64$（标准工作量），$\sigma=45.90$. 假设会计员的日人均工作量 X 服从正态分布，若完成标准工作量在 300 笔以上，则给予物质奖励，求受奖励的面有多大.

17. 根据死亡率表，20 岁的男性能活到 21 岁的概率为 0.99. 如果一名 20 岁的男性投保的是一份 1 000 美元的一年期保单，保费 25 美元，请计算期望收益 .

18. 每张彩票卖 1 美元，彩票上是 0～999 之间的数字，中了彩票会得到 500 美元，意味着获利 499 美元．试问：

（1）买一张彩票的获利期望是多少？

（2）为了保证公平（获利期望为 0），每张彩票应该卖多少钱？

19. 某出租车司机从某饭店到火车站途中有 6 个交通岗，假设他在各交通岗遇到红灯这一事件是相互独立的，并且概率都是$\frac{1}{3}$.

（1）求这位司机遇到红灯数 X 的期望与方差；

（2）若遇上红灯，则需等待 30 秒，求司机总共等待时间 Y 的期望与方差．

20. 甲、乙两个野生动物保护区有相同的自然环境，且野生动物的种类和数量也大致相等，两个保护区内每个季度发现违反保护条例的事件次数的分布列见表 2－12．试评定这两个保护区的管理水平．

表 2－12　两个保护区内每个季度发现违反保护条例的事件次数的分布列

X	0	1	2	3	Y	0	1	2
P	0.3	0.3	0.2	0.2	P	0.1	0.5	0.4

21. 在一台机器上加工制造一批零件共 10 000 个，如加工完后逐个进行修整，则全部合格，但需要修整费 300 元．如不进行修整，根据以往资料统计，次品率情况见表 2－13.

表 2－13　次品率表

次品率	0.02	0.04	0.06	0.08	0.10
概率	0.20	0.40	0.25	0.10	0.05

一旦装配中发现次品，需返工修理费为每个零件 0.50 元．试用期望值准则来决定这批零件要不要修整．

22. 某公司计划在某日举行展销会，获利多少除与举办规模有关外，还与天气好坏有关．根据天气变化预计，该日天气可能出现三种情况：晴的概率为 0.1，多云的概率为 0.6，下雨的概率为 0.3. 其损益情况见表 2－14，试用期望值准则进行决策．

表 2－14　损益表

规模	晴	多云	雨
大规模（s_1）	50	25	−2
中规模（s_2）	40	26	1
小规模（s_3）	20	16	2
概率	0.1	0.6	0.3

23. 某投资者有 10 万元，有两种投资方案：一是购买股票，二是存入银行获得利息．买股票的收益取决于经济形势，假设经济形势分为三种状态：形势好、形势中等、形势不好．若形势好则可获利 20 000 元，若形势中等则可获利 8 000 元，若形势不好则会损失 15 000 元，又设形势好、形势中等、形势不好的概率分别为 30%、50%和 20%．如果投资者存入银行，假设年利率为 2.5%，则该投资者应采用哪一种方案？

第三章

数据处理与统计初步

统计是一门关于使用科学的方法收集、整理、汇总、描述和分析数据资料，并在此基础上进行推断和决策的技术，其关键在于对数据的分析与加工．统计在日常生活和各类职业中有着广泛的应用，例如：在社会学领域，需要调查青年对婚姻家庭、经济收入、相貌等因素的态度，以便进行正确引导；在康复医疗领域，需要对患有抑郁症的病人，按照测量得到的指标，进行恰当的归类，以便进行有针对性的治疗；在经济活动中，需要考虑商品的市场反应与价格、消费者收入和广告等因素之间的相互关系，以及建立数学模型进行预测等问题．本章将主要介绍描述性统计、相关分析、回归分析与时间序列分析等内容，并借助 Excel 工具进行统计分析．通过这些内容的学习，你将了解统计是如何被应用到与我们有着密切联系的各个领域的．

第一节
描述性统计分析

一、重要统计概念

在一个描述性统计问题中，往往涉及三个主要概念：总体、样本以及描述性统计．

概念1　**总体**是指研究对象的某一个（或多个）指标全体，组成总体的每一个单元称为**个体**，总体中所包含个体的总数称为**总体容量**．

统计的任务主要是根据个体的研究来推测总体的分布情况．由于总体的容量通常非常大，或者无法对总体中每一个个体进行研究，因此为了获得对总体分布的认识，一般的方法是对总体进行抽样观测，即从总体中随机地抽取一些个体作为样品来研究．

概念2　在总体中随机地抽取 n 个个体，记其指标值为 $X_1,X_2,\cdots,X_n$，则 $X_1,X_2,\cdots,X_n$称为总体的一个个**样本**，n 称为**样本容量**，样本中的个体称为**样品**．

例如：欲了解一批灯泡的使用寿命 X（小时）的分布情况，只能抽取 n 个灯泡做破坏性试验，根据试验结果来推断 X 的分布，则我们所关心的全体灯泡的寿命 X 是一个总体，而其中一个灯泡的寿命是一个个体，所抽取的 n 个灯泡的寿命 $X_1,X_2,\cdots,X_n$是一个样本．又如：对于某一个地区而言，我们往往很难得到全体男性成人的身高 H 与体重 W，只能抽取 n 个男性成人进行测量，根据测量结果来推断 H 和 W 的分布情况，则该地区全部男性成人的身高 H 与体重 W 是一个总体，而其中每一个男性成人的身高与体重是一个个体，所抽取的 n 个男性成人的身高和体重（H_1,W_1），(H_2,W_2)，$\cdots$，(H_n,W_n）是一个样本．

对于总体和样本，有以下两点需要注意：

（1）统计的研究对象往往有许多特征，如对于一批灯泡，有寿命、功率、能效比等特征，而我们关心的只是它的寿命，对其他的特征不予考虑．这样，每一个灯泡所具有的数量指标值——寿命就是个体，而将所有灯泡的寿命全体看成总体．若抛开问题的实际背景，总体就是一堆数，这堆数中有大有小，有的出现的机会多，有的出现的机会少，因此，总体就是一个分布，而其数量指标就是服从某个分布的随机变量．

（2）样本具有二重性：一方面，由于样本是从总体中随机抽取的，抽取前无法预知它们的数值，因此，样本是随机变量，用大写字母 $X_1,X_2,\cdots,X_n$ 表示；另一方面，样本在抽取以后经过观测就有了确定的观测值，因此，样本又是一组数值，此时，用小写字母 $x_1,x_2,\cdots,x_n$ 表示．在容易产生误会时，大小写要分清，尤其在做理论分析时，一般都取大写，作为随机变量处理．

从总体中抽取样本可以有不同的方法，为了能由样本对总体做出比较可靠的推断，我们希望样本能很好地代表总体，这就需要对抽样方法提出一些要求，最常用的“简单随机抽样”有如下两个要求：

（1）样本具有随机性，即要求总体中每一个个体都有同等机会被选入样本，这便意味着每一个样品 x_i 与总体 X 有相同的分布．

（2）样本要有独立性，即要求样本中每一个样品的取值不影响其他样品的取值，这意味着 $X_1,X_2,\cdots,X_n$ 相互独立．

概念 3　用简单随机抽样方法得到的样本称为**简单随机样本**．本书中的样本均为简单随机样本．

概念 4　**描述性统计分析**是通过图表或数学方法，对数据资料进行整理、分析，并对数据的分布状态、数字特征和随机变量之间的关系进行估计和描述的方法．

描述性统计的内容包括统计数据的收集方法、数据的加工处理方法、数据的显示方法、数据分布特征的概括与分析方法等．一方面，通过对数据进行图表化处理，将数据变为图表，以直观了解整体数据分布的情况；另一方面，通过分析数据资料，以了解各变量内的观测值集中与分散的情况，如平均数、中位数、众数、全距、四分差、方差和标准差等．

二、用图描述数据

在统计中，对数据的描述往往可以通过把样本数据转化为对应的统计图，通过统计图直观地描述数据的分布．统计图的类型很多，这里仅介绍用直方图描述区间数据、用条形图和饼图描述名目数据、用散点图描述两变量的关系和用折线图描述时间序列数据这四种形式的统计图．

1. 用直方图描述区间数据

区间数据是指数据对象是实数的数据，如身高、体重、收入、距离和时间等．直方图是用于区间数据描述的最常用的图示法，又可以分为频数分布直方图和频率分布直方图两种．用直方图描述区间数据的目的主要有：

（1）可以把握总体分布形状、分布的中心位置和总体分布的离散程度；

(2) 可以调查分布的中心和规格中心位置的偏差程度，了解工程能力、调查不良品来源等，便于和规格或标准值进行比较．

下面通过实例说明如何通过直方图描述区间数据．

例 1　某车间加工装配一种金属制品，产品在装配线上的一道关键工序所需要的时间是该装配线工作效率的一个重要指标．为了了解具体情况，从中抽取 100 个样品，其测量数据（单位：秒）见表 3-1. 试绘制频数分布直方图和频率分布直方图，并描述该直方图．

表 3-1　关键工序所需时间表

51.7	56.9	54.5	53.9	53.7	53.9	53.1	53.1	54.5	53.9
50.6	51.9	55.3	53.5	53.1	53.1	52.9	53.3	54.3	55.7
57.9	52.1	54.9	53.3	54.5	53.3	53.1	55.1	55.5	55.9
56.9	55.1	54.3	53.9	53.9	55.3	54.3	54.7	55.7	53.7
56.7	54.9	53.7	53.5	56.7	55.7	53.1	54.9	55.5	53.5
56.7	54.7	53.5	53.5	54.5	56.1	52.7	54.3	54.9	53.1
55.3	55.3	53.7	52.5	54.3	54.7	53.1	53.9	55.3	52.3
56.1	55.3	53.1	53.3	55.1	53.1	53.3	53.7	55.5	52.7
53.7	54.5	54.5	53.5	54.1	53.3	53.1	53.9	53.7	52.9
54.5	54.9	53.1	53.3	54.5	52.7	53.3	53.5	54.1	53.3

解　绘制频数分布直方图和频率分布直方图一般分为以下四个步骤．

第一步：计算极差，即样本数据最大值与最小值的差．

在表 3-1 的数据中，最小值是 50.6 秒，最大值是 57.9 秒，极差是 7.3 秒，说明关键工序的装配时间变化范围是 7.3 秒．

第二步：决定组距和组数．

把所有的数据分成若干组，每一组的两个端点之间的距离称为组距．根据问题的需要，各组的组距可以相同或不同．本问题中我们进行等距分组，即令各组的组距相等．本问题从最小值开始每隔 1.5 秒作为一组，因为

$$\frac{\text{最大值}-\text{最小值}}{\text{组距}}=\frac{57.9-50.6}{1.5}\approx 4.87$$

所以将数据分成 5 组：$x\leqslant 52.1$，$52.1<x\leqslant 53.6$，$53.6<x\leqslant 55.1$，$55.1<x\leqslant 56.6$，$x>56.6$. 即组数和组距分别为 5 和 1.5.

第三步：列频数分布和频率分布表．

对数据进行统计，得到各小组内的数据频数和频率，见表 3-2.

表 3-2　频数分布和频率分布表

时间分组	频数	频率
$x\leqslant 52.1$	4	0.04
$52.1<x\leqslant 53.6$	35	0.35
$53.6<x\leqslant 55.1$	40	0.40
$55.1<x\leqslant 56.6$	15	0.15
$x>56.6$	6	0.06

第四步：绘制频数分布直方图和频率分布直方图.

根据表 3-2，画出频数分布直方图（如图 3-1 所示）和频率分布直方图（如图 3-2 所示）.

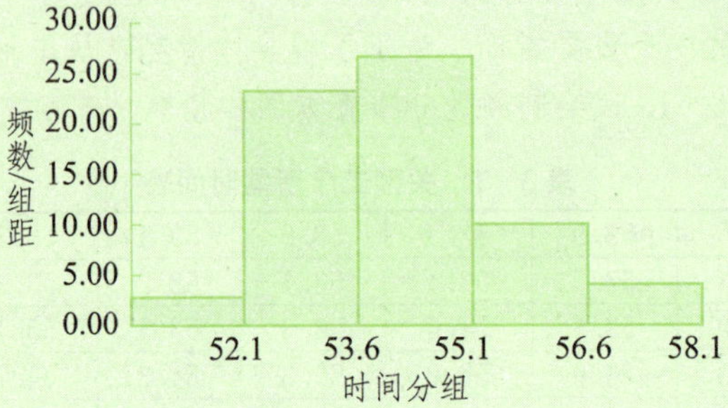

图 3-1　频数分布直方图

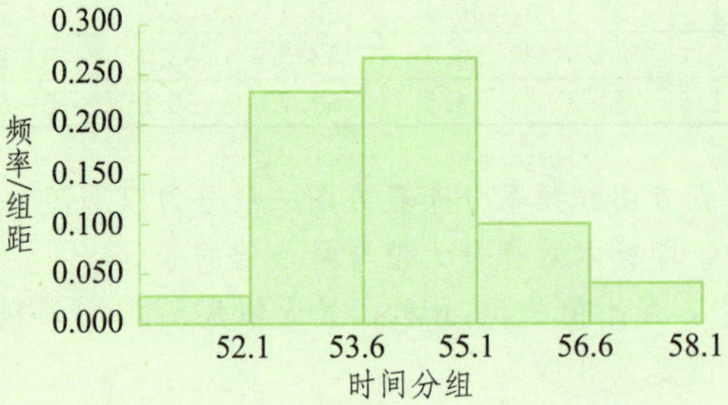

图 3-2　频率分布直方图

在图 3-1 中，横轴表示时间，纵轴表示频数与组距的比值. 容易看出：

$$小长方形的面积 = 组距 \times \frac{频数}{组距} = 频数$$

可见，频数分布直方图是以小长方形的面积来反映数据落在各小组内的频数的大小. 同理，图 3-2 中小长方形的面积反映数据落在各小组内的频率的大小.

绘制直方图的目的，与所有统计方法的目的一样，是取得数据的信息. 一旦我们有了某些信息，就需要将所知描述给其他人. 我们基于下列特征来描述直方图的轮廓.

(1) 对称性. 当我们由直方图的中心画一条垂直于横轴的直线，两边的形状和大小相同时，则其直方图被称为是对称的，如图 3-3 (1) 所示.

(2) 偏态. 一个偏态的直方图是指具有一条延伸向右或向左的长尾，前者称为正偏态，后者称为负偏态. 图 3-3 (2) 为正偏态的例子，大公司员工的薪金收入倾向于正偏态，因为相对低薪的员工占多数，而高薪的高管仅占少数. 图 3-3 (3) 为负偏态的例子，学生完成考试的时间多属于负偏态，因为只有少数的学生提早交卷，绝大多数的学生喜欢重复检查他们的试卷而按规定的时间接近尾声时才交卷.

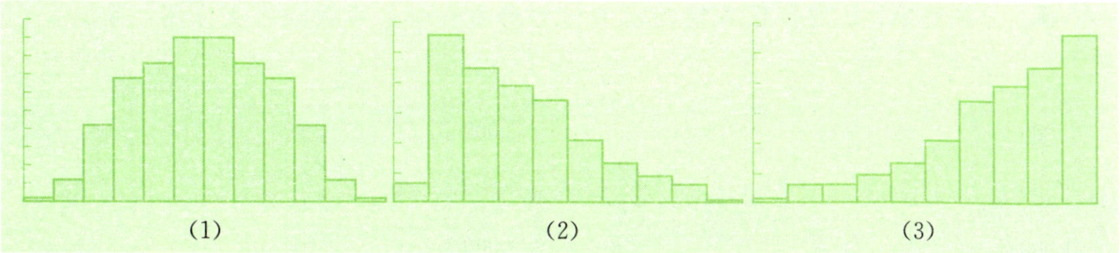

图 3-3　直方图示例

(3) 众数组个数．众数是指发生最多次数的观测值，而众数组则为一个具有最多观测值个数的小组．具有单一高峰者（众数组只有 1 个）称为单峰直方图，如图 3-4 (1) 所示．

(4) 钟形．对称单峰直方图称为钟形直方图．钟形直方图对应的数据一般服从正态分布，而正态分布是概率与统计中最重要的一种分布，如图 3-4 (2) 所示．

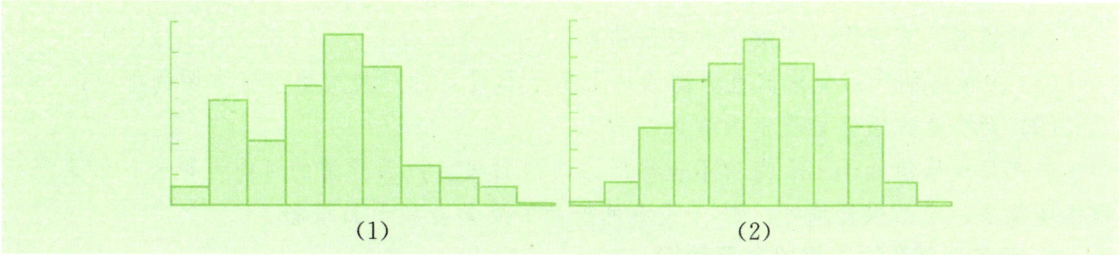

图 3-4　单峰直方图与钟形直方图

例 2　某电缆厂有两台生产设备（A、B），最近，经常有不符合规格值（135～210 克）的异常产品发生．现就 A、B 两台设备分别测量了 50 个产品，数据见表 3-3．试分别画出它们的频数分布直方图并分析由直方图所得的结论．

表 3-3　两台设备生产的产品规格值

A 设备					B 设备				
120	179	168	165	183	156	148	165	152	161
168	188	184	170	172	167	150	150	136	123
169	182	177	186	150	161	162	170	139	162
179	160	185	180	163	132	119	157	157	163
187	169	194	178	176	157	158	165	164	173
173	177	167	166	179	150	166	144	157	162
176	183	163	175	161	172	170	137	169	153
167	174	172	184	188	177	155	160	152	156
154	173	171	162	167	160	151	163	158	146
165	169	176	155	170	153	142	169	148	155

解 分别就A、B两台设备绘制出它们的产品规格值频数分布直方图，如图3-5所示．

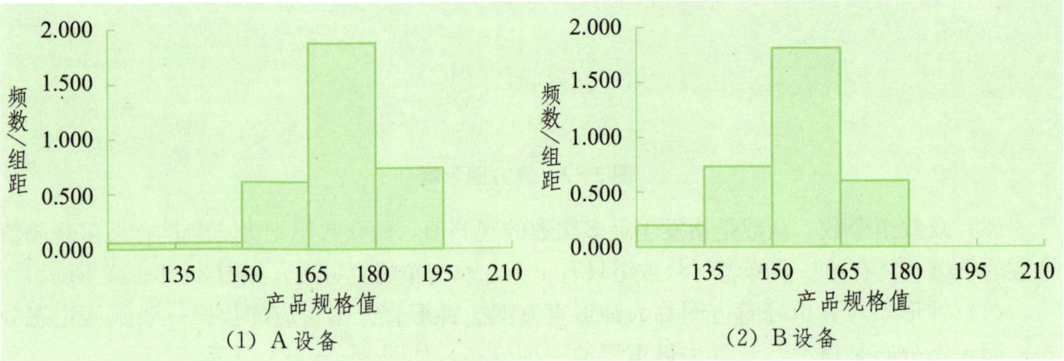

图3-5 A设备与B设备频数分布直方图

比较这两个直方图，不难得到以下信息：

(1) A设备的产品规格值直方图的中心高于B设备的产品规格值直方图的中心；

(2) 两个直方图都呈现稍微的负偏态．

若产品规格值低于135克为不合格产品，则B设备产品异常的可能性更大；如果产品规格值越高，产品质量越好，则A设备的产品的质量会高于B设备．

2. 用条形图和饼图描述名目数据

名目数据有许多类别．例如：对婚姻状况问题的回答可以产生名目数据，这时随机变量的值为单身、已婚、离婚或独居等．在统计过程中，我们常常用数字的形式代替名目数据，如用1表示单身、2表示已婚、3表示离婚、4表示独居等．

对名目数据唯一被允许的计算是统计随机变量的每一个可能值出现的次数，进一步借助条形图或饼图来描述统计结果．下面用一个例子说明名目数据的统计描述．

例3 一所大学的学生就业指导中心对去年商学院的毕业生进行一项调查，以了解其找到的工作的一般领域．就业的领域有会计、财务、一般管理、销售、其他，已整理好的数据见表3-4．试绘制相应的条形图和饼图以描述这一组名目数据．

表3-4 学生就业领域统计表

领域	毕业生数	毕业生比例
会计	73	28.85%
财务	52	20.55%
一般管理	36	14.23%
销售	64	25.30%
其他	28	11.07%
合计	253	100%

解 条形图由绘制出代表每一个类别的长方形构成，长方形的高代表次数，底则为任意决定的．图 3－6 为表 3－4 对应的条形图．

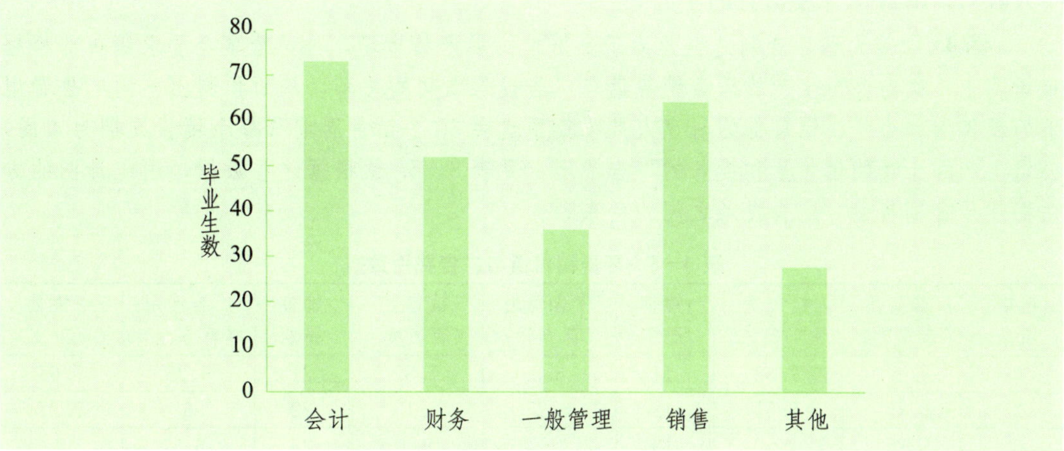

图 3－6　毕业生就业领域条形图

如果我们想强调相对次数而不要条形图，我们可以绘制饼图．一个饼图仅仅是一个被分割成若干切片的圆，每一块切片代表一种类别的名目数据，它被绘制成能使得每块切片的面积等比例于该类别对应的百分比．例如：一个包含 25%观测值的类别由包含 360°的 25%的一块切片表示，其圆心角等于 90°. 图 3－7 为表 3－4 对应的饼图．

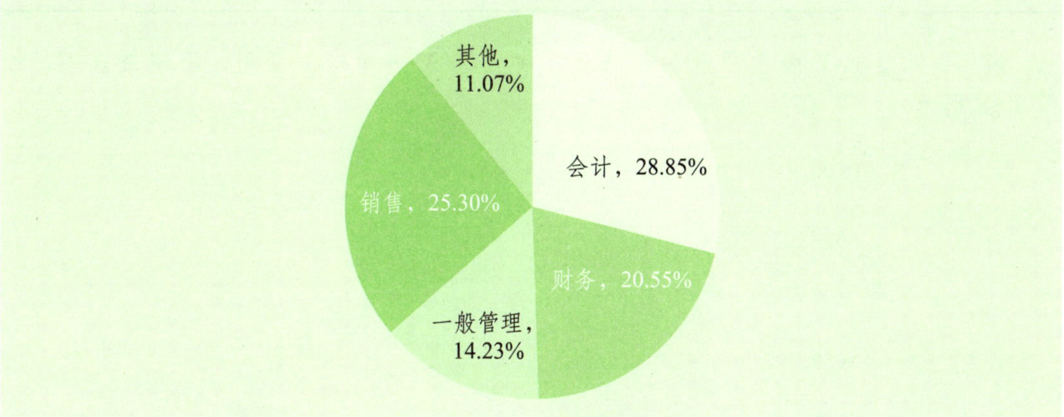

图 3－7　毕业生就业领域饼图

3. 用散点图描述两变量的关系

在统计中，我们常常需要知道两个随机变量之间是否存在某种关联．例如：财务分析师必须知道个别股票的价格与整个股市价格的关系，销售经理必须了解销售量与广告投入之间的关系，经济学家利用统计方法描述诸如失业率与通货膨胀之间的关系等．

散点图是一种描述两个随机变量间关系的方法．为了绘制一个散点图，我们需要两个随机变量的数据．应用上，当一个随机变量某种程度上依赖于另一个随机变量时，我们分别用 Y 和 X 表示．例如：个人的收入某种程度上取决于其受教育的程度，可以用 Y 表示个人收入，用 X 表示受教育的年数．

例 4 某大型牙膏制造企业为了更好地拓展产品市场，公司董事会要求销售部根据市场调查，找出公司生产的牙膏销售量与广告投入之间的关系，从而预测出不同广告费用下的销售量．为此，销售部的研究人员收集了过去 30 个销售周期（每个销售周期为 4 周）公司生产的牙膏的销售量和投入的广告费用，见表 3－5. 试根据这些数据，用统计图的方法描述牙膏销售量与广告投入之间的关系．

表 3－5 牙膏销售量与广告费用数据

销售周期	广告费用（百万元）	销售量（百万支）	销售周期	广告费用（百万元）	销售量（百万支）	销售周期	广告费用（百万元）	销售量（百万支）
1	5.5	7.38	11	6.5	7.89	21	6.25	7.65
2	6.75	8.51	12	6.25	8.15	22	6	7.27
3	7.25	9.52	13	7	9.1	23	6.5	8
4	5.5	7.5	14	6.9	8.86	24	7	8.5
5	7	9.33	15	6.8	8.9	25	6.8	8.75
6	6.5	8.28	16	6.8	8.87	26	6.8	9.21
7	6.75	8.75	17	7.1	9.26	27	6.5	8.27
8	5.25	7.87	18	7	9	28	6.75	7.67
9	5.25	7.1	19	6.8	8.75	29	5.8	7.93
10	6	8	20	6.5	7.95	30	6.8	9.26

解 设纵坐标 Y 表示牙膏的销售量，横坐标 X 表示广告费用，绘制散点图，如图 3－8 所示．

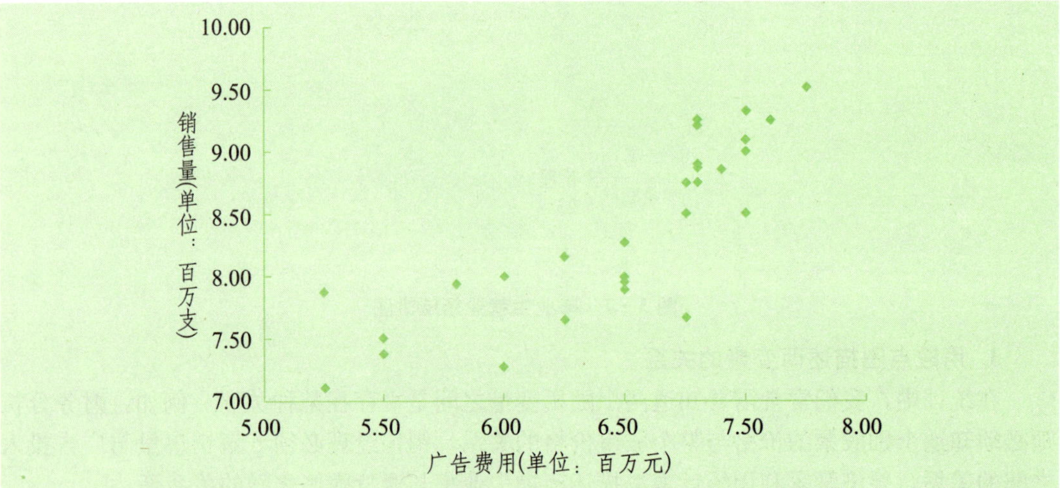

图 3－8 销售量相对于广告费用散点图

散点图显示，一般而言，广告费用越高，其销售量也越高，并且销售量可近似地看成随着广告费用的增加而呈线性增加趋势．当然，我们要认识到，牙膏销售量不仅仅与广告费用有关联，还可能与别的因素如质量、与同类型牙膏的价格差等有关．

如同直方图的情形，我们常常需要根据散点图来描述两个随机变量间如何相关，其中两个重要的特征为线性相关的强度与方向．为决定线性关系的强度，我们会画一条直线，使得该直线尽可能多地通过这些点，如果大多数的点都落在直线附近，我们称其存在线性关系. 如图 3－9（1）为强线性关系，而图 3－9（2）则不存在强线性关系——或充其量只是一个微弱的线性关系．进一步地，如果一个随机变量随着另一个随机变量的增加而增加，我们说存在一个正的线性关系，如图 3－9（1）所示；当两个随机变量有往相反方向移动的倾向时，我们称之有负的线性关系，如图 3－9（2）所示．

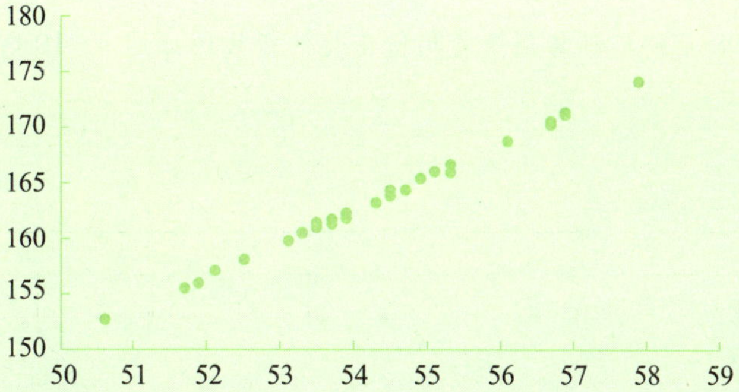

(1)

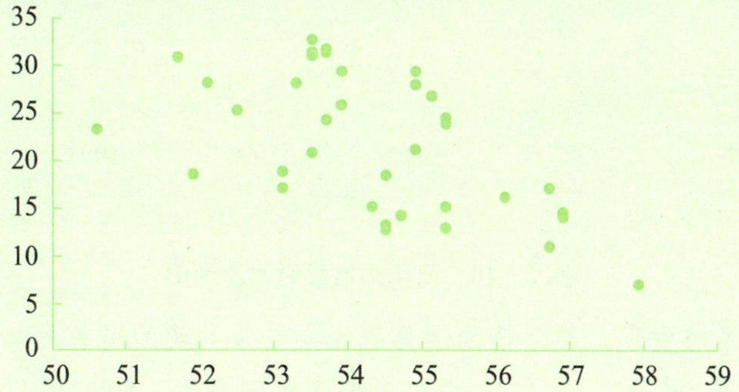

(2)

图 3－9　散点图示例

4. 用折线图描述时间序列数据

除了以上数据类型外，我们还可以根据观测值是否在同一时间被测量或其是否代表在连续的时间点的测量值进行分类．前者称为横断面数据，后者称为时间序列数据．时间序列数据常用折线图来描述，即以横轴为时间轴，纵轴为对应时间点随机变量的观测值，将统计数据用对应于平面内的点表示，相邻两点用一条线段连接，形成点划线．

例 5　已知某商场 1978—1998 年的年销售额，如表 3－6 所示，试绘制这些数据的折线图并描述其所包含的信息．

表 3－6　某商场 1978—1998 年的年销售额

年份	销售额（万元）	年份	销售额（万元）	年份	销售额（万元）
1978	32	1985	64	1992	84
1979	41	1986	69	1993	86
1980	48	1987	67	1994	87
1981	53	1988	69	1995	92
1982	51	1989	76	1996	95
1983	58	1990	73	1997	101
1984	57	1991	79	1998	107

解　1978—1998 年的年销售额随着年份变化的折线图如图 3－10 所示．

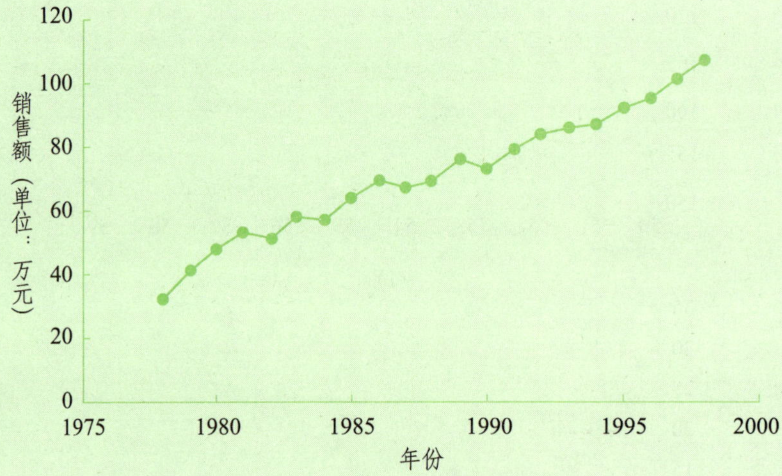

图 3－10　商场销售额时间序列图

结合图 3－10 不难发现，该商场的销售额保持基本一致的增长趋势，统计的前 4 年保持了较快的增长速度，然后出现了 10 年的小幅波动中增长，1990 年以后保持了平稳的增长趋势．这可能跟公司的发展与经营政策的改变有密切联系．

三、常用统计量

前面介绍了用图表描述数据的方法，现在将尝试使用统计量来描述数据．

概念 5　**统计量**是统计理论中用来对数据进行分析、检验的变量．

在实际问题中，我们得到某些观测值后，往往从这些数据中很难一眼看清楚事物的规律，需要对数据进行一番“加工”和“提炼”，把数据中所包含的关于人们所关心的事物的信息集中起来，即针对不同的问题构造出样本的某种函数，这种函数就是统计量．常用统计量在中学阶段大多已经学过，故这里只针对没有学过的统计量做详细介绍，并对所有常用统计量进行归类汇总．

1. 中心趋势

中心趋势又称为定位度量或者平均数，是一组数据典型的或者有代表意义的值．由于这些典型值趋向于落在根据数值大小排列的数据的中心，因此被称为中心趋势度量．可以定义中心趋势的统计量包括：算数平均数、几何平均数、中位数和众数等．

算数平均数（简称样本均值）：设一个样本的观测值为 $x_1,x_2,\cdots,x_n$，样本算数平均数记为 $\bar{x}$，则有

$$\bar{x}=\frac{x_1+x_2+\cdots+x_n}{n}\triangleq\frac{1}{n}\sum_{i=1}^{n}x_i$$

其中，符号“$\triangleq$”表示将 $\frac{x_1+x_2+\cdots+x_n}{n}$ 记作 $\frac{1}{n}\sum_{i=1}^{n}x_i$ 的意思，读成“记作”．

几何平均数：度量平均值的另一种方法，特别是在计算平均增长率、平均收益率时经常被使用．

假设你做一个 100 万元的两年期的投资，它在第一年的增长率为 100%，变为 200 万元，而第二年该投资的增长率为 −50%，即从 200 万元变回到 100 万元．第一年和第二年的投资回报率分别为 $r_1=100\%$，$r_2=-50\%$，其算术平均数为

$$\bar{r}=\frac{100\%+(-50\%)}{2}=25\%$$

显然，这个数字会引起误解，因为这一项投资最终没有任何收益，即两年的平均投资回报率为 0. 此时用几何平均数描述比较合适．

设 r_i 表示第 i（$i=1,2,\cdots,n$）期的投资回报率，则投资回报率 $r_1,r_2,\cdots,r_n$ 的几何平均数 r_g 定义为

$$(1+r_g)^n=(1+r_1)(1+r_2)\cdots(1+r_n)$$

从上式解得

$$r_g=\sqrt[n]{(1+r_1)(1+r_2)\cdots(1+r_n)}-1$$

如上面的两年期投资回报率的几何平均数为

$$r_g=\sqrt{(1+100\%)(1-50\%)}-1=0$$

中位数：把所有观测值依序排列（递增或递减），位于最中间的观测值就是中位数．当观测值个数为偶数时，则中位数是位于中间的两个观测值的平均数．

众数：样本观测值中发生次数最多的观测值．使用众数作为中心趋势统计量，会有两个问题：第一，在一个小样本内，它可能不是一个很好的观测值；第二，它可能不唯一．

思考 上述四个统计量在描述样本统计数据时，其适用情形分别是什么？各有什么优缺点？你能举例说明吗？

2. 离散趋势

除了知道中心趋势外，对数据进行统计描述还需要知道数据围绕中心点是如何分散的，称之为离散趋势．常用的统计量有：极差、样本方差、样本标准差和变异系数等．

极差：样本最大观测值和最小观测值之间的差．

样本方差：一个样本的观测值为 $x_1, x_2, \cdots, x_n$，样本算术平均数记为 $\bar{x}$，样本方差记为 s^2，则有

$$s^2 = \frac{(x_1-\bar{x})^2+(x_2-\bar{x})^2+\cdots+(x_n-\bar{x})^2}{n-1} \triangleq \frac{1}{n-1}\sum_{i=1}^{n}(x_i-\bar{x})^2$$

需要注意的是，样本方差的计算公式中，是使用偏差平方和除以 $n-1$，而不是除以 n，这是因为我们在用样本估计总体时，除以 $n-1$ 所建立起的统计量是对总体方差更好的估计．

样本标准差：样本方差的算术平方根，即 $s=\sqrt{s^2}$．

样本方差在比较两组或者更多组数据的离散程度时，是一个很好的统计量．通常，样本方差越大，代表数据本身的离散程度越大．而样本标准差则可以帮助我们了解数据大致集中在哪个区域．若样本观测值的直方图是钟形，则可以使用下面的经验法则：

（1）所有观测值的大约68.27%位于样本均值的一个标准差内；

（2）所有观测值的大约95.45%位于样本均值的两个标准差内；

（3）所有观测值的大约99.73%位于样本均值的三个标准差内．

极差、样本方差和样本标准差均含有量纲，因此会受到计量单位不同或者改变而变得缺乏可比性，而变异系数则是从相对的角度，通过比值来衡量分散程度，由此消除量纲的影响．

变异系数：样本观测值的标准差除以样本均值的结果，即 $cv=\frac{s}{\bar{x}}$．

例6 表3-7给出了东风汽车和上海机场两只股票在12个交易日的价格，试比较两只股票价格在这12个交易日内的活跃程度．

解 分别计算两组样本均值、样本标准差和变异系数，得

东风汽车：均值为2.96，标准差为0.176，变异系数为0.059.

上海机场：均值为16.74，标准差为0.316，变异系数为0.019.

表 3-7 两只股票 12 个交易日的价格表

日期	东风汽车	上海机场	日期	东风汽车	上海机场
20050310	3.17	16.06	20050318	2.97	16.52
20050311	3.16	16.55	20050321	2.94	16.65
20050314	3.10	17.27	20050322	2.71	17.17
20050315	3.10	16.82	20050323	2.74	16.90
20050316	3.09	16.60	20050324	2.76	16.86
20050317	3.02	16.65	20050325	2.75	16.79

如果从标准差来看，上海机场的股票活跃度要大于东风汽车，但从变异系数来看，上海机场的变异系数仅为 0.019，远小于东风汽车的 0.059. 两者存在矛盾是因为上海机场的股价要高于东风汽车，所以含有量纲的标准差就会偏高，而采用变异系数考虑了股价的均值，能更好地反映股价的活跃程度，因此可以从变异系数做出判断，即东风汽车股价的活跃度高于上海机场股价的活跃度.

3. 分布形状

随机变量的分布形状主要包括偏度和峰度.

根据前面直方图的讨论，我们发现随机变量的分布可能出现左偏态或者右偏态，但直方图只反映了这种偏态的存在，没法从数量指标上给出偏态的程度，因此需要从统计量的角度定义分布的偏态.

偏度：反映以平均值为中心的分布的不对称程度的量，其计算公式为

$$sk=\frac{n}{(n-1)(n-2)}\sum_{i=1}^{n}\left(\frac{x_i-\bar{x}}{s}\right)^3$$

其中，$\bar{x}$ 为样本均值，s 为样本标准差，n 为样本容量.

若 $sk<0$，则分布具有负偏态，此时数据位于均值左边的比位于右边的少，直观表现为左边的尾部相对于右边的尾部要长，因为有少数变量值很小，使曲线左侧尾部拖得很长；若 $sk>0$，则分布具有正偏态，此时数据位于均值右边的比位于左边的少，直观表现为右边的尾部相对于左边的尾部要长，因为有少数变量值很大，使曲线右侧尾部拖得很长；若 sk 接近 0，则可认为分布是对称的. 如图 3-11 所示.

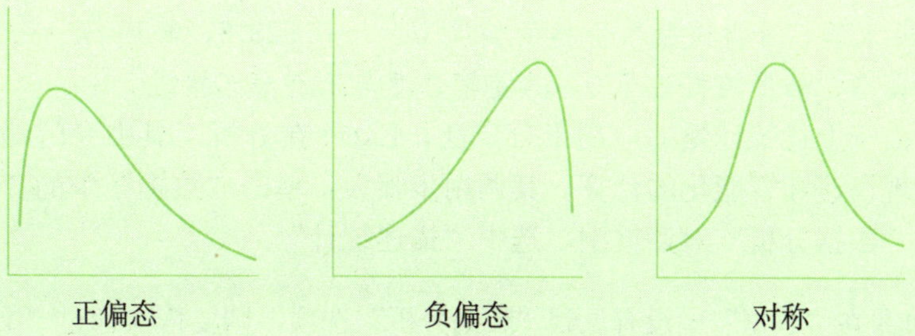

图 3-11 三种偏态示意图

如果偏度表示的是数据分布的对称程度，则峰度用来表示分布的尖锐度或平坦度，用与正态分布的比较值来度量．

峰度：反映与正态分布相比某一分布的尖锐度或平坦度，其计算公式为

$$bk=\frac{n(n+1)}{(n-1)(n-2)(n-3)}\sum_{i=1}^{n}\left(\frac{x_i-\overline{x}}{s}\right)^4-\frac{3(n-1)^2}{(n-2)(n-3)}$$

其中，$\overline{x}$ 为样本均值，s 为样本标准差，n 为样本容量．

若 $bk<0$，则表示峰度比正态分布平坦；若 $bk>0$，则表示峰度比正态分布陡峭；若 $bk=0$，则表示峰度与正态分布相同．如图 3-12 所示．

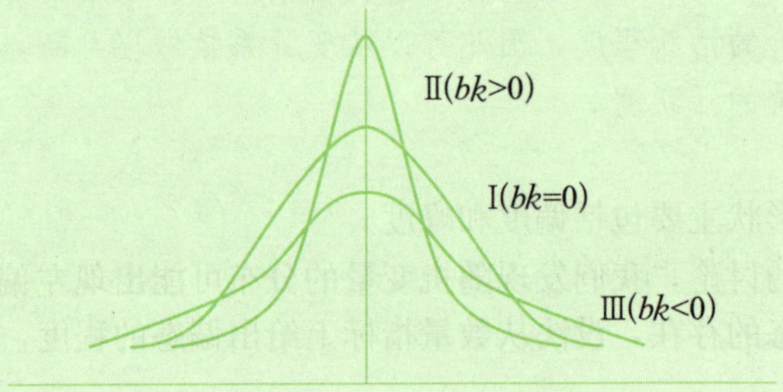

图 3-12　三种峰度示意图

例 7　表 3-8 给出了某股票在 18 个交易日的价格，试求该股票价格的偏度和峰度．

表 3-8　某股票 18 个交易日的价格表

日期	价格	日期	价格	日期	价格
20050310	6.40	20050318	6.29	20050328	5.97
20050311	6.38	20050321	6.16	20050329	5.93
20050314	6.44	20050322	6.12	20050330	5.94
20050315	6.36	20050323	6.08	20050331	5.54
20050316	6.24	20050324	5.99	20050401	5.36
20050317	6.35	20050325	5.93	20050404	5.40

解　数据的偏度和峰度的计算公式较为复杂，我们可以借助 Excel 辅助计算．其中，偏度的 Excel 指令是"=SKEW（数据对象）"，峰度的 Excel 指令是"= KURT（数据对象）"．

借助 Excel 求解，可得该股票价格的偏度 $sk=-0.923\ 6$，峰度 $bk=0.068\ 7$. 这说明股票价格呈负偏态；峰度值接近于 0，其陡峭程度与正态分布接近．

事实上，由于上述统计量的应用十分广泛，Excel 在分析工具中专门编写了"描述统计"指令来实现快速和智能化的计算，其调用步骤为：单击"数据"中的"数据分析"命令，在弹出的"数据分析"对话框中，选中"描述统计"．

注意　如果在"数据"中没有见到"数据分析"选项，则要依次通过"文件"→"Excel 选项"→"加载项"→"转到"，在出现的"加载宏"对话框中选定"分析工具库"．

第二节
相关分析与线性回归

一、相关分析

1. 相关分析的含义

相关分析是研究变量之间关系的紧密程度，并用相关系数或指数来表示的一种统计分析方法．其目的是揭示现象之间是否存在相关关系，确定相关关系的表现形式以及变量间相关关系的密切程度和方向．

一般地，客观现象之间的数量关系表现为两大类型：函数关系与相关关系．

（1）函数关系反映现象之间存在严格的依存关系，在这种关系中，对于某一变量的一个数值，都有另一变量的确定的值与之对应．如 $s=\pi r^2$ 反映圆的面积 s 与半径 r 的函数关系，r 值发生变化，则圆面积 s 值随之改变．

（2）相关关系是指现象之间确实存在某种联系，但数量关系表现为不严格的相互依存关系．即对一个变量或几个变量为一定值时，另一变量的值表现为在一定范围内的随机波动，具有非确定性．如产品销售收入与广告费用之间的关系．

2. 相关的种类

（1）根据自变量的多少划分，可分为单相关和复相关.

1）单相关：两个因素之间的相关关系叫单相关，即研究时只涉及一个自变量和一个因变量．

2）复相关：三个或三个以上因素的相关关系叫复相关，即研究时涉及两个或两个以上的自变量和因变量．

（2）根据相关关系的方向划分，可分为正相关和负相关.

1）正相关：指两个变量之间的变化方向一致，都是呈增长或下降的趋势，即自变量 X 的值增加（或减少），因变量 Y 的值也相应地增加（或减少）．

2）负相关：指两个因素或变量之间的变化方向相反，即自变量的值增加（或减少），因变量的值随之减少（或增加）．

（3）根据变量间相关关系的表现形式划分，可分为线性相关和非线性相关.

1）线性相关：当相关关系的自变量 X 的值发生变动，因变量 Y 的值随之发生大致均等的变动，从图像上近似地表现为直线形式，这种相关称为线性相关．

2）非线性相关：在两个相关现象中，自变量 X 的值发生变动，因变量 Y 的值也随之发生变动，这种变动不是均等的，在图像上的分布是各种不同的曲线形式，这种相关称为非线性相关．曲线相关在相关图上的分布，表现为抛物线、双曲线、指数曲线等非直线形式.

（4）根据相关关系的程度划分，可分为不相关、完全相关和不完全相关.

1）不相关：如果变量间彼此的数量变化互相独立，则其关系为不相关．自变量 X 的值变动时，因变量 Y 的值不随之相应变动．

2）完全相关：如果一个变量的变化是由其他变量的数量变化所唯一确定的，此时变量间的关系称为完全相关．即因变量 Y 的值完全随自变量 X 的值的变动而变动，它在相关图上表现为所有的观测点都落在同一条曲线上. 这种情况下，相关关系实际上是函数关系. 所以，函数关系是相关关系的一种特殊情况．

3）不完全相关：如果变量间的关系介于不相关和完全相关之间，则称为不完全相关. 大多数相关关系属于不完全相关，是统计研究的主要对象．

3. 线性相关的测定

在所有的相关关系分析中，线性相关是最重要的一种形式．用来描述线性相关的方法有相关表、相关图和相关系数．其中，相关表是把具有相关关系的两个量的具体数值按照一定顺序平行排列的一张表，以观测它们之间的相互关系．相关图在第一节中已经介绍过，故下面重点讨论相关系数．

概念 6 根据样本数据计算的对两个变量之间线性关系强度的度量值称为**相关系数**. 相关系数若根据总体全部数据计算，则称为**总体相关系数**，记为 ρ；若根据样本数据计算，则称为**样本相关系数**，记为 r. 样本相关系数的计算公式为：

$$r=\frac{\sum(x-\bar{x})(y-\bar{y})}{\sqrt{\sum(x-\bar{x})^2\sum(y-\bar{y})^2}}$$

上式也可以变形为：

$$r=\frac{n\sum xy-\sum x\sum y}{\sqrt{n\sum x^2-(\sum x)^2}\cdot\sqrt{n\sum y^2-(\sum y)^2}}$$

例 8 某部门 8 种产品销售额和利润额的资料如下（单位：元）：

$\sum xy=189\ 127$，$\sum x^2=2\ 969\ 700$，$\sum x=4\ 290$，$\sum y^2=12\ 189.11$，$\sum y=260.1$

试求产品销售额与利润额的相关关系．

解 根据相关系数计算公式，可得

$$r=\frac{n\sum xy-\sum x\sum y}{\sqrt{[n\sum x^2-(\sum x)^2]\cdot[n\sum y^2-(\sum y)^2]}}$$

$$=\frac{8\times 189\ 127-4\ 290\times 260.1}{\sqrt{(8\times 2\ 969\ 700-4\ 290^2)\cdot(8\times 12\ 189.11-260.1^2)}}=0.993\ 4$$

说明产品销售额与利润额存在高度正相关.

由例 8 不难发现，根据样本数据计算两个变量的相关系数的计算量比较大，在实际应用过程中，我们可通过 Excel 的 CORREL 函数求相关系数，基本调用格式是：

=CORREL(Array1,Array2)

其中：Array1 为第一组数值单元格区域，Array2 为第二组数值单元格区域.

下面不加证明地给出相关系数的几个简单性质：

(1) 相关系数的取值范围为 $|r|\leqslant 1$.

(2) 若 $0<r\leqslant 1$，表明 x 与 y 之间存在正线性相关关系；若 $-1\leqslant r<0$，表明 x 与 y 之间存在负线性相关关系.

(3) 当 $|r|\geqslant 0.8$ 时，可视 x 与 y 之间高度相关；当 $0.5\leqslant |r|<0.8$ 时，可视 x 与 y 之间中度相关；当 $0.3\leqslant |r|<0.5$ 时，可视 x 与 y 之间低度相关；当 $|r|<0.3$ 时，说明 x 与 y 之间的相关程度极弱，可视为非线性相关.

(4) 若 $r=\pm 1$，则 x 与 y 之间存在确定的函数关系.

同时，需要注意的是：

(1) 计算相关系数时，x 与 y 哪个作为自变量，哪个作为因变量，对于相关系数的值没有影响.

(2) 相关系数指标只能用于线性相关程度的判断，当其数值很小甚至为 0 时，只能说明变量之间线性相关程度很弱或者不存在线性相关关系，但不能就此判断变量之间不存在相关关系.

二、线性回归

1. 回归分析的含义

相关分析研究的是现象之间是否相关、相关的方向和密切程度，一般不区别自变量或因变量. 而回归分析则要分析现象之间相关的具体形式，确定其因果关系，并用数学模型来表现其具体关系. 比如，在例 8 中，我们可以得知“产品销售额”与“利润额”密切相关，但这两个变量之间到底是哪个变量受哪个变量的影响、影响程度如何，则需要通过回归分析方法来确定.

一般来说，回归分析是通过规定因变量和自变量来确定变量之间的因果关系，建立回归模型，并根据实测数据来求解模型的各个参数，然后评价回归模型能否很好地拟合实测数据. 如果能够很好地拟合，则可以根据自变量的值对因变量的取值做进一步预测.

2. 回归的种类

(1) 根据自变量的个数，可分为一元回归与多元回归.

1) 一元回归：只有一个自变量，又称为简单回归.

2）多元回归：含有两个或两个以上的自变量，又称为复回归．

（2）根据回归的表现形式，可分为线性回归与非线性回归.

1）线性回归：回归方程的因变量是自变量的一次函数形式，回归线在直角坐标系中表现为一条直线．

2）非线性回归：回归方程的因变量不是自变量的一次函数形式，回归线在直角坐标系中表现为曲线形状．非线性回归的方程可以是二次或二次以上函数、指数函数和对数函数等初等函数的形式．

下面我们讨论两种简单形式的回归分析：一元线性回归和多元线性回归．

3. 一元线性回归

设随机变量 y 与 x 之间存在线性相关关系，x 是可以控制或可以精确观测的变量，如年龄、试验时的温度、电压等．对于 x 的一组不完全相同的值 $x_1,x_2,\cdots,x_n$，做独立试验得到 n 对观测结果

$$(x_1,y_1),(x_2,y_2),\cdots,(x_n,y_n)$$

其中，y_i 是 $x=x_i$ 处对随机变量 y 的观测结果，构成一个容量为 n 的样本．我们假定 y_i 与 x_i 之间有如下关系：

$$y_i=\beta_0+\beta_1x_i+\varepsilon_i,\ i=1,2,\cdots,n$$

其中，ε_i 表示所有的随机因素对 y_i 影响的总和（也称为随机误差），并假定 ε_i 是一组相互独立且同分布的随机变量，即 $\varepsilon_i\sim N(0,\sigma^2)$，$i=1,2,\cdots,n$，则一元线性回归的任务就是从样本 $(x_i,y_i)(i=1,2,\cdots,n)$ 出发去估计上式中的未知参数 β_0、β_1. 下面我们通过一个实例来说明基于最小二乘法的参数求解思路．

例 9 从在校学生中随机选取 8 名女大学生，其身高和体重数据见表 3－9.

表 3－9 随机选取的 8 名女大学生身高与体重数据

编号	1	2	3	4	5	6	7	8
身高（厘米）	150	152	157	160	162	165	168	170
体重（千克）	43	50	48	57	61	54	59	64

试求根据女大学生的身高预报体重的回归方程，并预报身高为 172 厘米的女大学生的体重．

解 由于问题中要求根据身高预报体重，因此选取身高为自变量 x，体重为因变量 y，设一元线性回归方程为：

$$\hat{y}=\hat{\beta}_0+\hat{\beta}_1x$$

其中，$\hat{\beta}_0$、$\hat{\beta}_1$ 分别是 β_0、β_1 的估计值．

当变量 x 取 $x_i(i=1,2,\cdots,8)$ 时，可以得到 $\hat{y}_i=\hat{\beta}_0+\hat{\beta}_1x_i(i=1,2,\cdots,8)$，它与实际体重 y_i 之间的偏差是（如图 3－13 所示）：

$$y_i-\hat{y}_i=y_i-(\hat{\beta}_0+\hat{\beta}_1x_i),\ i=1,2,\cdots,8$$

若记

$$Q=(y_1-\hat{y}_1)^2+(y_2-\hat{y}_2)^2+\cdots+(y_8-\hat{y}_8)^2$$

则问题转化为：当$\hat{\beta}_0$、$\hat{\beta}_1$ 取什么值时使 Q 值最小，即总体偏差最小．也可以理解为确定回归直线，使得样本数据的点到该直线的距离的平方和最小．这一方法叫做**最小二乘法**．

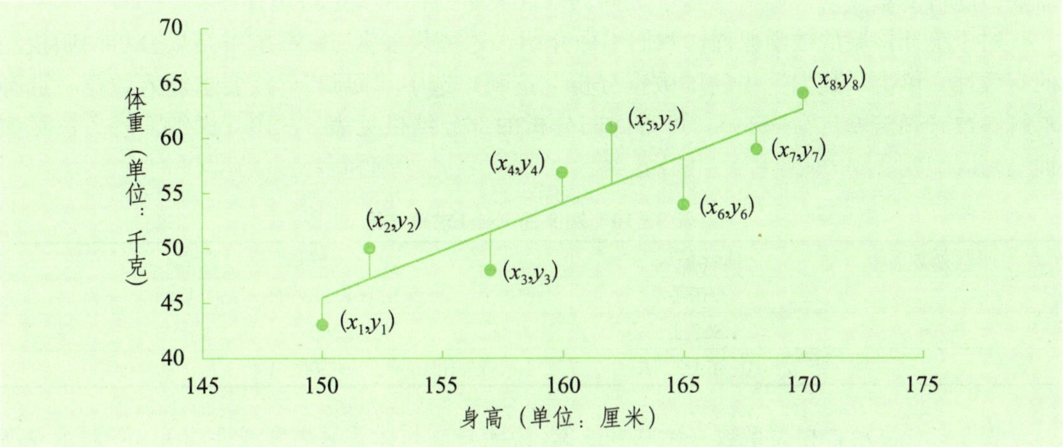

图 3－13　预报体重与实际体重之间的偏差

据最小二乘法的思想和数学推导，可得回归系数

$$\hat{\beta}_1=\frac{\sum_{i=1}^{n}(x_i-\overline{x})(y_i-\overline{y})}{\sum_{i=1}^{n}(x_i-\overline{x})^2}=\frac{\sum_{i=1}^{n}x_iy_i-n\overline{x}\,\overline{y}}{\sum_{i=1}^{n}x_i^2-n\overline{x}^2}$$

$$\hat{\beta}_0=\overline{y}-\hat{\beta}_1\overline{x}$$

在本例中，$\overline{x}=160.5$，$\overline{y}=54.5$，$\sum_{i=1}^{8}x_iy_i=70\ 290$，$\sum_{i=1}^{8}x_i^2=206\ 446$，因此

$$\hat{\beta}_1=0.857,\ \hat{\beta}_0=-83.071$$

于是，得到回归方程

$$\hat{y}=-83.071+0.857x$$

据此可以预测，对于身高 172 厘米的女大学生，其体重的估计值为

$$\hat{y}=-83.071+0.857\times172=64.357\text{（千克）}$$

显然，身高 172 厘米的女大学生的体重不一定是 64.357 千克，但一般可以认为她的体重接近于 64.357 千克，图 3－13 中的样本点和回归直线的相互位置说明了这一点．

在实际应用中，通过回归方程得到的预报值与实测值之间会有误差，该误差的产生可归结为以下两个原因：

（1）预报值与实测值之间会产生一个随机误差．因为一个人的体重除了受身高的影响外，还受到许多其他因素的影响，如饮食习惯、是否喜欢运动等．这些因素对预报值的干扰即产生了随机误差．

（2）根据回归系数公式得到的估计值$\hat{\beta}_0$、$\hat{\beta}_1$与真实值β_0、β_1之间也存在误差．

从例 9 的解题过程来看，对于任何一组实验数据，不管它们实际上是否存在线性关系，我们都可以用最小二乘法在形式上得到y对x的回归方程，这显然有问题．因此，还需要对随机变量y与非随机变量x之间的线性关系的存在性进行统计检验．

对于统计检验的数学原理，我们不做介绍，这里只根据 Excel 求解结果分析回归模型的有效性．单击“数据”中的“数据分析”选项，选中“回归”，按要求输入数据，选择求解参数（置信度定为 95%），可得回归分析的部分结果见表 3－10（详细求解方法见实训三）．

表 3－10　例 9 的 Excel 求解结果

回归系数	估计值	置信区间
β_0	−83.071 4	[−161.331 0，−4.811 8]
β_1	0.857 1	[0.369 9，1.344 3]
$r=0.869\ 2$，$R^2=0.755\ 4$，Significance $F=0.005\ 1$		

表 3－10 显示，相关系数$r=0.869\ 2$，说明身高与体重呈高度线性相关．R^2表示身高变量对于体重变量变化的贡献率，R^2越接近于 1，表示回归的效果越好．在例 9 中，$R^2=0.755\ 4$，表明“女大学生的身高解释了 75.54%的体重变化”，或者说“女大学生的体重差异有 75.54%是由身高引起的”．Significance F对应的是在显著性水平下的模型弃真概率，即模型为不可靠的概率．显然，Significance F的值越小越好，对于例 9，其值为 0.005 1，故置信度达到 99.49%．表 3－10 不仅给出了回归系数的估计值，还给出了回归系数的置信度为 95%的置信区间，即我们可以有 95%的把握保证回归系数$\beta_0\in[-161.331\ 0,-4.811\ 8]$，$\beta_1\in[0.369\ 9,1.344\ 3]$．

4．多元线性回归

在线性回归分析中，如果有两个或两个以上的自变量，就称为多元线性回归．其基本原理和求解步骤与一元线性回归一样，故这里只通过一个例子说明多元线性回归的应用．

例 10　某大型牙膏制造企业为了更好地拓展产品市场，有效地管理库存，公司董事会要求销售部根据市场调查，找出公司生产的牙膏销售量与销售价格、广告投入等之间的关系，从而预测出在不同价格和广告费用下的销售量．为此，销售部的研究人员收集了过去 30 个销售周期（每个销售周期为 4 周）公司生产的牙膏的销售量、销售价格、投入的广告费用，以及同期其他厂家生产的同类牙膏的市场平均销售价格，见表 3－11．试根据这些数据，分析牙膏销售量与这些因素之间的关系，为制定价格策略和广告投入策略提供数量依据．

表 3－11　牙膏销售量与销售价格、广告费用等数据

销售周期	公司销售价格	其他厂家平均价格（元）	广告费用（百万元）	价格差（元）	销售量（百万支）
1	3.85	3.80	5.50	−0.05	7.38
2	3.75	4.00	6.75	0.25	8.51

续前表

销售周期	公司销售价格	其他厂家平均价格（元）	广告费用（百万元）	价格差（元）	销售量（百万支）
3	3.70	4.30	7.25	0.60	9.52
4	3.70	3.70	5.50	0.00	7.50
5	3.60	3.85	7.00	0.25	9.33
6	3.60	3.80	6.50	0.20	8.28
7	3.60	3.75	6.75	0.15	8.75
8	3.80	3.85	5.25	0.05	7.87
9	3.80	3.65	5.25	−0.15	7.10
10	3.85	4.00	6.00	0.15	8.00
11	3.90	4.10	6.50	0.20	7.89
12	3.90	4.00	6.25	0.10	8.15
13	3.70	4.10	7.00	0.40	9.10
14	3.75	4.20	6.90	0.45	8.86
15	3.75	4.10	6.80	0.35	8.90
16	3.80	4.10	6.80	0.30	8.87
17	3.70	4.20	7.10	0.50	9.26
18	3.80	4.30	7.00	0.50	9.00
19	3.70	4.10	6.80	0.40	8.75
20	3.80	3.75	6.50	−0.05	7.95
21	3.80	3.75	6.25	−0.05	7.65
22	3.75	3.65	6.00	−0.10	7.27
23	3.70	3.90	6.50	0.20	8.00
24	3.55	3.65	7.00	0.10	8.50
25	3.60	4.10	6.80	0.50	8.75
26	3.65	4.25	6.80	0.60	9.21
27	3.70	3.65	6.50	−0.05	8.27
28	3.75	3.75	6.75	0.00	7.67
29	3.80	3.85	5.80	0.05	7.93
30	3.70	4.25	6.80	0.55	9.26

注：价格差指其他厂家平均价格与公司销售价格之差.

解　由于牙膏是生活必需品，对大多数顾客来说，在购买同类产品的牙膏时更多地会在意不同品牌之间的价格差异，而不是它们的价格本身，因此，在研究各个因素对销售量的影响时，用价格差代替公司销售价格和其他厂家平均价格更为合适.

记牙膏销售量为 y，其他厂家平均价格与公司销售价格之差（价格差）为 x_1，公司投入的广告费用为 x_2，为了大致地分析 y 与 x_1 及 x_2 的关系，首先利用表 3-11 的数据分别作出 y 对 x_1 及 x_2 的散点图，如图 3-14 和图 3-15 所示.

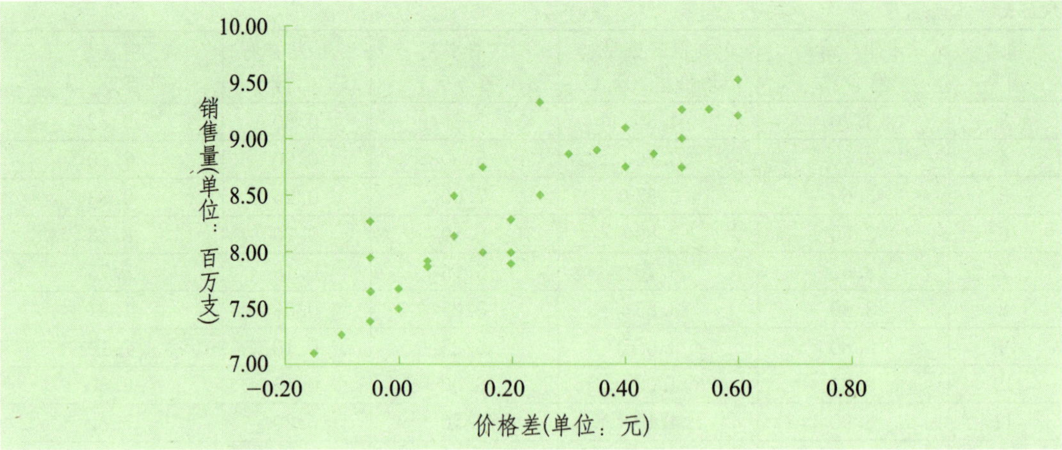

图 3－14　销售量对价格散点图

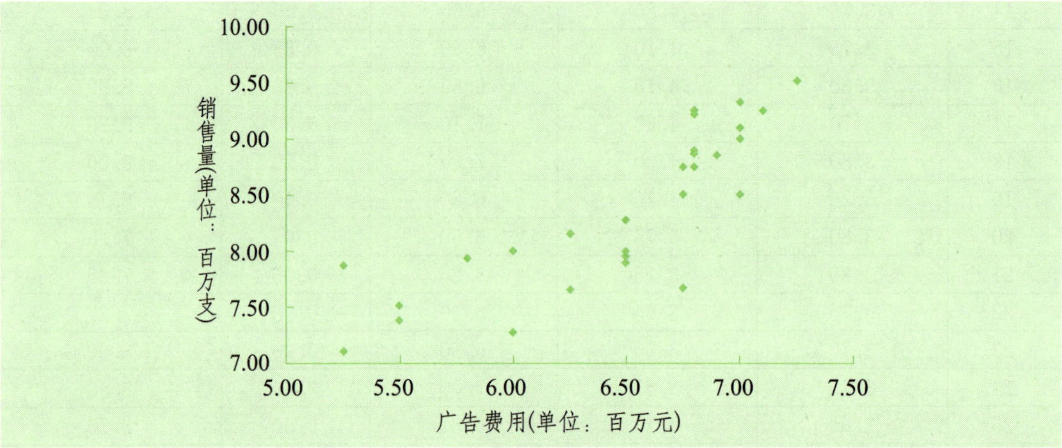

图 3－15　销售量对广告费用散点图

从图 3－14 及图 3－15 可以发现，随着 x_1、x_2 的增加，y 的值有比较明显的线性增长趋势，可用线性回归模型

$$y=\beta_0+\beta_1x_1+\beta_2x_2+\varepsilon$$

来拟合销售量与广告费用及价格差二者之间的数量关系．

借助 Excel 回归分析工具，得到回归分析结果如表 3－12 所示．

表 3－12　例 10 的 Excel 求解结果

回归系数	估计值	置信区间
β_0	4.846 9	[3.298 6，6.395 1]
β_1	1.806 1	[1.186 0，2.426 1]
β_2	0.485 7	[0.233 2，0.738 2]
$r=0.931\ 6$，$R^2=0.867\ 8$，Significance $F=1.37\times10^{-12}$		

根据表 3－12 的结果，得回归方程模型为

$$\hat{y}=4.846\ 9+1.806\ 1x_1+0.485\ 7x_2$$

相关系数 $r=0.931\ 6$，说明牙膏销售量与价格差、广告费用呈高度线性相关．$R^2=0.867\ 8$ 表明“价格差和广告费用两个因素解释了 86.78%的销售量的变化”．Significance F 的值为 1.37×10^{-12}，说明置信度几乎达到 100%．回归系数的置信度为 95%的置信区间分别为 $\beta_0\in[3.298\ 6, 6.395\ 1]$，$\beta_1\in[1.186\ 0, 2.426\ 1]$，$\beta_2\in[0.233\ 2, 0.738\ 2]$．

第三节
时间序列分析

一、时间序列的概念

时间序列是指反映客观现象的同一指标在不同时间上的数值按时间先后顺序排列而形成的序列，它由两个基本要素组成：一个是现象的所属时间，另一个是反映该现象的同一指标在不同时间条件下的具体数值．时间序列也称时间数列，或动态数列．

时间序列的一般形式见表3－13.

表3－13　时间序列的一般形式

时间顺序	t_0	t_1	t_2	…	t_{n-1}	t_n
指标数值	a_0	a_1	a_2	…	a_{n-1}	a_n

例如，表3－14是国内生产总值及其部分构成统计表，为一个时间序列．

表3－14　国内生产总值及其部分构成统计表

年份	国内生产总值（亿元）	第一产业增加值比重（%）	年末人口总数（万人）	人均国内生产总值（元/人）
1995	58 478.1	20.51	121 121	4 584
1996	67 884.6	20.39	122 389	5 576
1997	74 462.6	19.09	123 626	6 054
1998	78 345.2	18.57	124 761	6 308
1999	82 067.5	17.63	125 786	6 551
2000	89 468.1	16.35	126 743	7 086
2001	97 314.8	15.84	127 627	7 651
2002	105 172.3	15.32	128 453	8 214
2003	117 390.2	14.42	129 227	9 111
2004	136 875.9	15.17	129 988	10 561

时间序列可以描述客观现象发展变化的状况、过程和规律，利用时间序列资料可以计算一系列动态分析指标，通过时间序列分析，可以揭示客观现象发展变化的趋势，为预测、决策提供依据．

二、时间序列的趋势分析

研究时间序列的一个重要目的，就是要掌握事物发展变化的规律和趋势，对客观现象未来发展的可能状态进行认识．时间序列的趋势分析提供了一系列有效的方法．

时间序列的形成是各种不同的影响事物发展变化的因素共同作用的结果．影响事物发展变化的因素很多，有起决定性作用的基本因素，也有起临时作用、局部作用的偶然因素．影响时间序列的因素归纳起来有四类，即长期趋势、季节变动、循环波动和不规则变动．由于现阶段较为成熟的趋势分析的数学方法主要是对长期趋势和季节变动的测定，故这里只介绍这两种情形．

1. 长期趋势

长期趋势是指客观现象在一段较长时期内，持续呈现为同一方向发展变化的趋势．它是由某种起决定性作用的因素影响而形成的趋势．分析长期趋势，可以掌握事物发展变化的基本特点．

2. 季节变动

季节变动是指客观现象因受自然条件或社会经济季节因素的影响，在一年或更短的时间内，随时序变化而引起的有规律的周期性变动．一般以一年为周期，也有以月、周、日为周期的．认识和掌握季节变动，对于近期的行动决策有重要作用．

三、长期趋势的测定

测定长期趋势就是用一定的方法对时间序列进行修匀，以消除序列中季节变动、循环波动和不规则变动等因素的影响，以显示出现象变动的基本趋势，作为预测的依据．测定长期趋势的方法主要有简单平均法、移动平均法、指数平滑法、趋势线预测法等．

1. 简单平均法

根据过去已有的 n 期观测值，通过简单平均来预测下一期的数值的一种预测方法，称为**简单平均法**．设时间序列已有的 n 期观测值为 $Y_1, Y_2, \cdots, Y_n$，则第 $n+1$ 期的预测值 F_{n+1} 为

$$F_{n+1} = \frac{1}{n}(Y_1 + Y_2 + \cdots + Y_n) = \frac{1}{n}\sum_{i=1}^{n} Y_i$$

当有了第 $n+1$ 期的实际值，便可计算出第 $n+1$ 期的预测误差．

$$e_{n+1} = Y_{n+1} - F_{n+1}$$

第 $n+2$ 期的预测值为

$$F_{n+2} = \frac{1}{n+1}(Y_1 + Y_2 + \cdots + Y_n + Y_{n+1}) = \frac{1}{n+1}\sum_{i=1}^{n+1} Y_i$$

简单平均法计算简单，但由于将客观现象的波动平均化了，因此不能反映客观现象的变化趋势，所以该方法只适合对波动不大的客观现象使用．

例 11 某商场 2008—2014 年的年销售额见表 3-15，试用简单平均法预测 2015 年该商场的年销售额．

表 3-15 某商场 2008—2015 年的年销售额

年份	2008	2009	2010	2011	2012	2013	2014
销售额（万元）	98	96	105	101	99	110	103

解 根据简单平均法的计算公式，可得

$$F_{2015}=\frac{1}{7}\times(98+96+105+101+99+110+103)$$
$$=101.71(\text{万元})$$

即预测 2015 年该商场的年销售额为 101.71 万元．

2. 移动平均法

移动平均法是对原时间序列采用逐期递推移动的方法计算一系列扩大时距的时序平均数，从而形成一个新的派生的时间序列，以消除偶然因素的影响，使客观现象的基本趋势得以呈现. 移动平均法包括简单移动平均法和加权移动平均法，这里仅介绍简单移动平均法.

简单移动平均是将最近的 k 期观测数据加以平均，作为下一期的预测值. 设移动间隔为 $k(1<k<n)$，则第 n 期的移动平均值为

$$\overline{Y}_n=\frac{Y_{n-k+1}+Y_{n-k+2}+\cdots+Y_{n-1}+Y_n}{k}=\overline{Y}_{n-1}+\frac{Y_n-Y_{n-k}}{k}$$

它是对时间序列的平滑结果，通过这些平滑值就可以描述出时间序列的变化形态或趋势. 当然，也可以用它来进行预测. 第 $n+1$ 期的简单移动平均预测值为

$$F_{n+1}=\overline{Y}_n=\frac{Y_{n-k+1}+Y_{n-k+2}+\cdots+Y_{n-1}+Y_n}{k}$$

表 3-16 给出了一个移动平均法计算实例，图 3-16 画出了移动平均的趋势线.

表 3-16 移动平均法计算实例 单位：万元

年份	销售收入	三年移动平均	四年移动平均
1988	1	—	—
1989	14	—	—
1990	14	9.67	—
1991	24	17.33	13.25
1992	25	21.00	19.25
1993	19	22.67	20.50
1994	8	17.33	19.00
1995	17	14.67	17.25
1996	15	13.33	14.75
1997	44	25.33	21.00

续前表

年份	销售收入	三年移动平均	四年移动平均
1998	40	33.00	29.00
1999	25	36.33	31.00
2000	9	24.67	29.50
2001	35	23.00	27.25
2002	35	26.33	26.00
2003	55	41.67	33.50
2004	22	37.33	36.75
2005	48	41.67	40.00

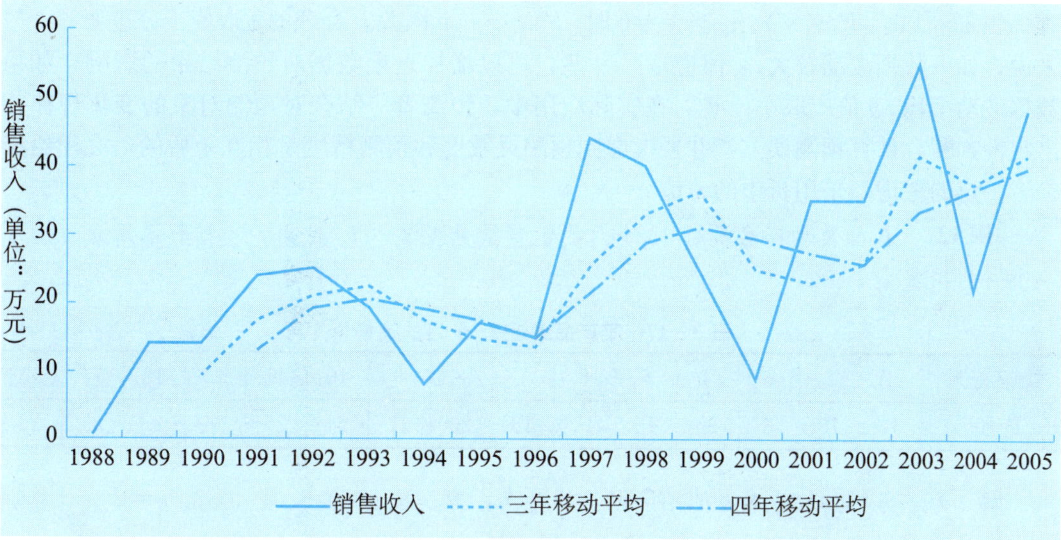

图 3－16　移动平均趋势线

思考：仔细观察表 3－16 和图 3－16 可以看出，当 k 的取值不同，所形成的曲线形状大致相同，但四年移动平均相对于三年移动平均的曲线有一个滞后偏差，这是为什么？

运用移动平均法进行预测能平滑数据的突然波动对预测结果的影响，但移动平均法的运用需要注意以下问题：

（1）加大移动间隔（即加大 k 值）会使平滑波动效果更好，但会使预测值对数据实际变动更不敏感，因而合理选择移动间隔是关键．比如：若时间序列呈现周期性变动（如季节变动等），移动间隔可以与周期相同，以达到消除周期性波动对预测结果的影响的目的．

（2）移动平均值并不能总是很好地反映出趋势。由于是平均值，预测值总是停留在过去的水平上而无法预计会导致将来更高或更低的波动.

3. 指数平滑法

指数平滑法是对过去的观察值加权平均进行预测的一种方法．指数平滑法的观点认为时间序列的态势具有稳定性或规则性，时间序列可被合理地顺势推延，最近的过去态势在某种程度上会持续到最近的未来，所以应将较大的权数放在最近的资料上．该方法用第 n 期的实际观察值与第 n 期的预测值的加权平均值作为第 $n+1$ 期的预测值．

指数平滑法有一次指数平滑、二次指数平滑、三次指数平滑等．由于二次指数平滑是在一次指数平滑的基础上再平滑，三次指数平滑是在二次指数平滑的基础上再平滑，其基本原理一样，故这里只介绍一次指数平滑．

设 Y_n 为第 n 期的实际观察值，F_n 为第 n 期的预测值，α 为平滑系数（$0<\alpha<1$），则第 $n+1$ 期的预测值为

$$F_{n+1}=\alpha Y_n+(1-\alpha)F_n$$

从该公式可知，F_{n+1} 是 Y_n 和 F_n 的加权平均数，α 的取值决定 Y_n 和 F_n 对 F_{n+1} 的影响程度．当 $\alpha=1$ 时，$F_{n+1}=Y_n$；当 $\alpha=0$ 时，$F_{n+1}=F_n$. 因此，合理的 α 取值十分重要．一般来说，如果数据波动较大，α 值应取大一些，可以增加近期数据对预测结果的影响；如果数据波动平稳，α 值应取小一些．在实际应用中，预测者应结合对预测对象的变化规律作出定性判断且计算预测误差，并要考虑到预测灵敏度和预测精度是相互矛盾的，必须给予二者一定的考虑，采用折中的 α 值．

例 12　已知某种产品最近 15 个月的销售量见表 3－17. 试用一次指数平滑法预测下一个月的销售量．

表 3－17　某产品最近 15 个月的销售量

时间序列	1	2	3	4	5	6	7	8	9	10	11	12	13	14	15
销售量	10	15	8	20	10	16	18	20	22	24	20	26	27	29	29

解　为了分析加权系数 α 的不同取值的特点，分别取 $\alpha=0.5$、$\alpha=0.7$、$\alpha=0.9$ 计算一次指数平滑．当 $\alpha=0.5$ 时，取 $F_2=Y_1=10$，则

$$F_3=0.5Y_2+0.5F_2=0.5\times15+0.5\times10=12.5$$

$$F_4=0.5Y_3+0.5F_3=0.5\times8+0.5\times12.5=10.25$$

…………

依次计算，得表 3－18.

表 3－18　一次指数平滑值计算表

时间序列	销售量	$\alpha=0.5$	$\alpha=0.7$	$\alpha=0.9$
1	10.00	—	—	
2	15.00	10.00	10.00	10.00
3	8.00	12.50	13.50	14.50
4	20.00	10.25	9.65	8.65
5	10.00	15.13	16.90	18.87

续前表

时间序列	销售量	$\alpha=0.5$	$\alpha=0.7$	$\alpha=0.9$
6	16.00	12.56	12.07	10.89
7	18.00	14.28	14.82	15.49
8	20.00	16.14	17.05	17.75
9	22.00	18.07	19.11	19.77
10	24.00	20.04	21.13	21.78
11	20.00	22.02	23.14	23.78
12	26.00	21.01	20.94	20.38
13	27.00	23.50	24.48	25.44
14	29.00	25.25	26.24	26.84
15	29.00	27.13	28.17	28.78
16		28.06	28.75	28.98

根据表 3-18，分别取 $\alpha=0.5$、$\alpha=0.7$、$\alpha=0.9$ 时，下一个月的销售量预测值分别为 28.06、28.75、28.98.

由例 12 可知，指数平滑法对实际序列具有平滑作用，平滑系数越小，平滑作用越强，但对实际数据的变动反映较迟缓．在实际序列的线性变动部分，指数平滑值序列出现一定的滞后偏差的程度随着平滑系数 α 的增大而减少．

4. 趋势线预测法

趋势线预测法是采用适当的方程对时间序列予以描述，并据此计算各期趋势值的方法.用趋势线描述时间序列的方法有很多，最常用的主要有直线型、二次抛物线型、指数曲线型、修正指数曲线型、龚伯兹曲线型、蒲尔-里德曲线型等．趋势线方程中的参数通常按照最小二乘法原理求得，这里不予介绍，用专门的统计软件可以直接得到上述趋势线方程．

（1）直线型趋势线. 直线型趋势是指客观现象随着时间的推移而呈现出稳定增长或下降的线性变化规律．当客观现象的发展按线性趋势变化时，可以用下列线性趋势方程来描述：

$$y_c=a+bt$$

（2）二次抛物线型趋势线. 如果客观现象满足二级增减量大体相同的条件，那么可以利用二次抛物线模型进行配合．其趋势方程为：

$$y_c=a+bt+ct^2$$

（3）指数曲线型趋势线. 如果时间序列满足环比发展速度大体相同的条件，那么可以配合指数曲线模型来反映现象发展变化的趋势．其趋势方程为：

$$y_c=ab^t$$

（4）修正指数曲线型趋势线．如果时间序列满足逐期增减量的环比发展速度大体相同的条件，那么可以配合修正指数曲线模型来描述现象的变化状态．其趋势方程为：

$$y_c=a+bc^t$$

（5）龚伯兹曲线型趋势线．如果时间序列的对数的逐期增减量的环比速度大体相同，那么可以配合龚伯兹曲线模型来描述该现象的变化状态．其趋势方程为：

$$y_c=ab^{c^t}$$

（6）蒲尔-里德曲线型趋势线．如果时间序列满足其指标值的倒数的逐期增减量的环比发展速度大体相同的条件，那么可以配合蒲尔-里德曲线模型来描述该现象的趋势变化．其趋势方程为：

$$\frac{1}{y_c}=a+bc^t$$

四、季节变动的测定

由于季节（春、夏、秋、冬）、气候（晴、阴、雨等）和社会习惯（春节、端午、重阳等）等原因，客观现象普遍存在季节变动的影响（电风扇的销售量，蔗糖的原料，农作物的生长、农副产品的生产，旅游人次，客运活动，医疗方面的流感、乙脑，等等）．测定季节变动的主要目的在于掌握季节变动的规律，为合理地组织生产和安排人民的生活提供依据．

测定季节变动包括两方面的内容：一是测定季节变化规律，研究客观现象随季节变化而变化的状态，主要利用 12 月移动平均法（以及原数据平均法、全年平均比率法、平均数趋势整理法、趋势比率法、环比法、图解法等）计算季节比率（或叫季节指数）；二是根据季节变化规律对客观现象未来发展的可能状态进行预测．

下面介绍按月（季）平均法及其应用．

若把一年划分为若干个时间片断（通常是 4 个季度或 12 个月份，但实践中也可根据具体问题以其他时间单位分割，如以两个月为时间片断、以旬为时间片断、以半月为时间片断，甚至以星期为时间片断——如果有意义），则考察若干个年份的数据，就可得表 3-19．$n=12$ 即为月份数据，$n=4$ 即为季度数据．

表 3-19　季节变动测度基本数据格式

年份	1 期	2 期	…	n 期
第 1 年	y_{11}	y_{12}	…	y_{1n}
第 2 年	y_{21}	y_{22}	…	y_{2n}
…	…	…	…	…
第 k 年	y_{k1}	y_{k2}	…	y_{kn}

按月（季）平均法的基本步骤是：

第一步，计算时间序列中各年同期（同月或同季）的平均数：

$$\overline{y}_j = \frac{1}{k}\sum_{i=1}^{k} y_{ij}\,(j = 1,2,3,\cdots,n)$$

第二步，计算期内总平均：

$$\overline{y} = \frac{1}{n}\sum \overline{y}_j\,(j = 1,2,3,\cdots,n)$$

第三步，计算季节指数：

$$S_j = \frac{\overline{y}_j}{\overline{y}}\,(j = 1,2,3,\cdots,n)$$

第四步，对季节指数进行分析，绘制季节指数图，利用季节指数进行时间序列的预测分析等．

例 13　表 3－20 是某企业最近 5 年 4 个季度的产品产量资料，试根据该资料数据测算 2018 年各季的预测值．

表 3－20　某企业近 5 年各产品产量情况　　单位：万件

年份	春	夏	秋	冬
2013	270	440	210	150
2014	245	450	230	160
2015	260	420	190	180
2016	250	460	200	160
2017	280	450	220	170

解　根据产量数据，绘制产量随着时间推移的折线图，如图 3－17 所示．

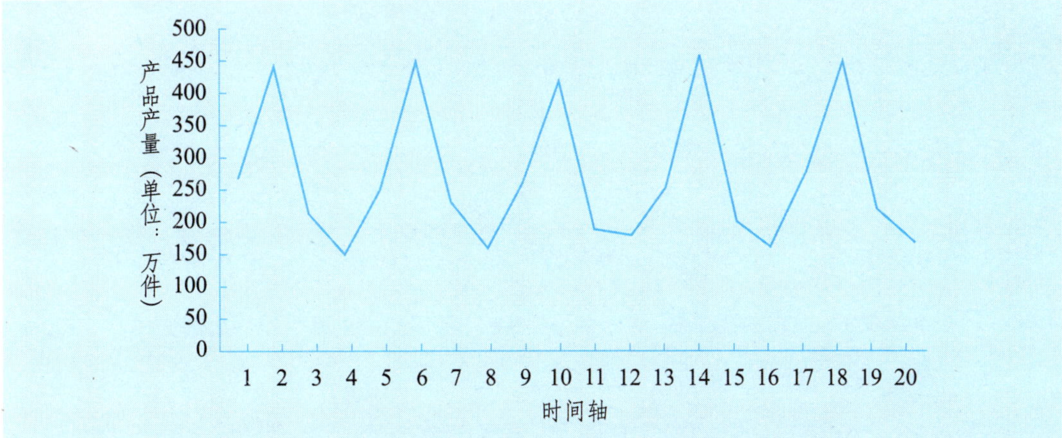

图 3－17　产量随着时间推移折线图

因趋势不明显，故可采用按季度平均法计算季节指数．计算过程见表 3－21.

表3-21　按季度平均法计算结果　　单位：万件

	春	夏	秋	冬
5年同季合计	1 305	2 220	1 050	820
同季平均	261	444	210	164
季节指数（%）	96.756	164.957	77.850	60.797

根据计算结果可知，该产品产量夏季是旺季，秋、冬季是淡季，春季产量回升，接近平均水平．因此，实际生产管理过程中应该注意人力、财力、原材料等方面的准备工作与此生产季节性规律相吻合，同时需要做好市场研究工作，通过适当的营销手段来调整季节规律，避免过于剧烈的季节性因素导致生产要素供给不足、生产能力分配的严重失衡等不利现象出现．根据计算的季节指数，还可以进一步进行预测或制定分季度生产计划．

例如，若预计2018年的全年总产量可能达到1 400万件，则平均每季350万件，各季产量的初步计划可按下式进行估计：

各季初步产量计划＝各季季节指数×季平均产量

据此测算出各季的预测值，分别为：

春季：$0.967\,56\times 350=338.646\approx 339$（万件）

夏季：$1.645\,97\times 350=576.09\approx 576$（万件）

秋季：$0.778\,50\times 350=272.475\approx 272$（万件）

冬季：$0.607\,97\times 350=212.79\approx 213$（万件）

当然，这只是一个参考数据，实际工作中还需要结合生产要素与生产能力进行权衡调整（如综合考虑库存成本等因素之下，春季适当多生产一些，以减轻夏季生产的压力）．

实训三
利用 Excel 进行统计分析

【实训目的】

◇ 掌握利用 Excel 求基本统计量；

◇ 掌握利用 Excel 进行一元线性回归分析；

◇ 掌握利用 Excel 进行简单的时间序列分析．

【实训内容】

实训 1　表 3-22 是 1980—1998 年某市城镇居民年人均可支配收入与年人均消费性支出的数据．

表 3-22　年人均可支配收入与年人均消费性支出数据　　单位：元

年份	城镇居民年人均可支配收入	年人均消费性支出	年份	城镇居民年人均可支配收入	年人均消费性支出
1980	526.92	474.72	1990	884.21	767.16
1981	532.72	479.94	1991	903.66	759.49
1982	566.81	488.1	1992	984.09	820.25
1983	591.18	509.58	1993	1 035.26	849.78
1984	699.96	576.35	1994	1 200.9	974.7
1985	744.06	654.73	1995	1 289.77	1 040.98
1986	851.2	755.56	1996	1 432.93	1 099.27
1987	884.21	798.63	1997	1 538.97	1 186.11
1988	847.26	815.4	1998	1 663.63	1 252.53
1989	820.99	718.37			

(1) 试求该市城镇居民年人均可支配收入的基本统计量；

(2) 假如给定 1999 年和 2000 年的年人均可支配收入分别为 1 763 元和 1 863 元，求对应的年人均消费性支出预测值．

操作步骤

问题（1）的 Excel 求解步骤

第一步：打开待分析数据的 Excel 表，单击“数据”菜单下的“数据分析”选项，进入“数据分析”对话框，鼠标双击“数据分析”对话框中的“描述统计”选项，出现“描述统计”对话框，如图 3－18 所示．

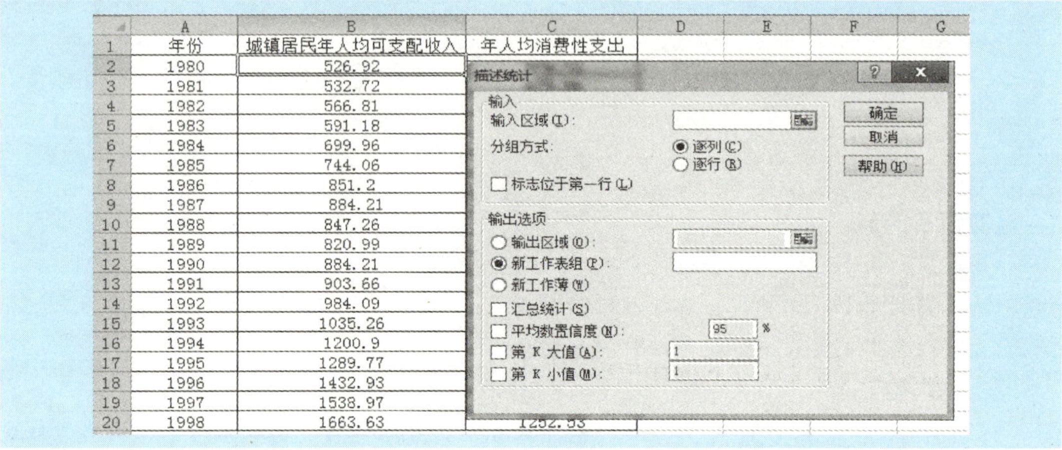

图 3－18 “描述统计”对话框

第二步：在“输入区域”输入“\$B\$2:\$B\$20”，在“输出选项”中选择“输出区域”选项，并输入“\$H\$2”（不是唯一的，也可以是其他单元格地址），同时选中“汇总统计”和“平均数置信度”复选框，如图 3－19 所示．

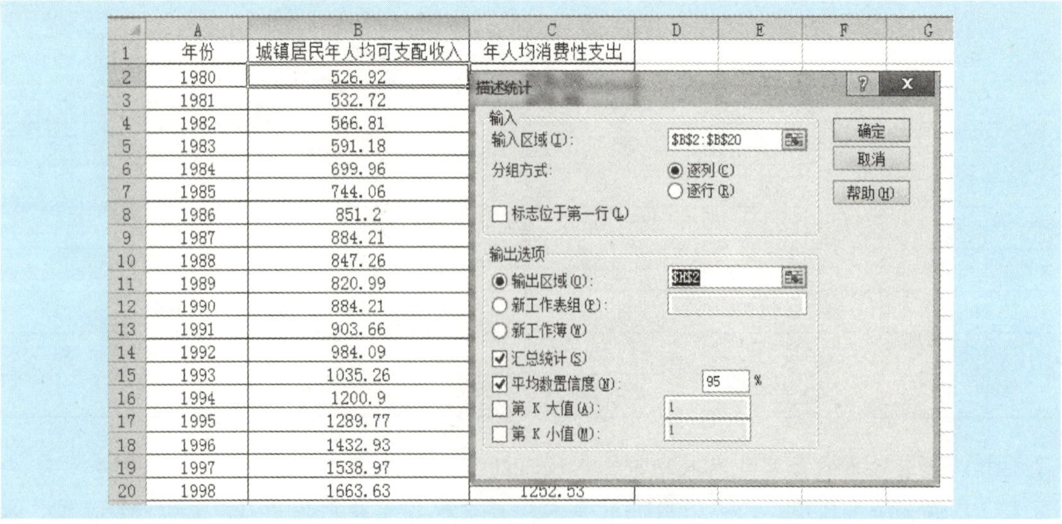

图 3－19 “描述统计”参数设计

第三步：设定完“描述统计”参数后，按“确定”按钮即可出现计算结果，如图 3 - 20 所示．

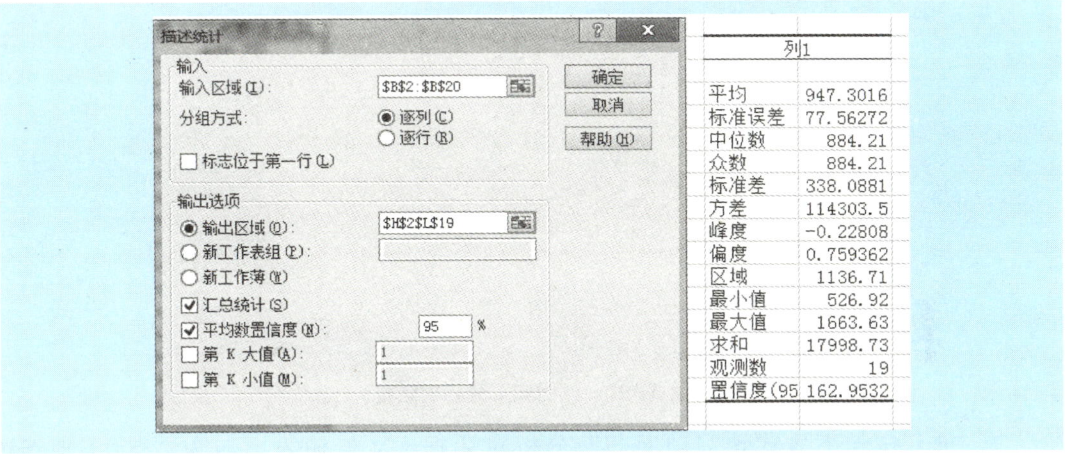

图 3 - 20　“描述统计”计算结果

描述统计工具可生成以下统计指标，按从上到下的顺序包括：平均（样本平均值）、标准误差、中位数、众数、标准差、方差、峰度、偏度、区域、最小值、最大值、求和、观测数和一定显著水平下总体均值的置信度．

问题（2）的 Excel 求解步骤

第一步：打开待分析数据的 Excel 表，单击“数据”菜单下“数据分析”选项，进入“数据分析”对话框，鼠标双击“数据分析”中的“相关系数”选项，填写完“相关系数”对话框，输入区域填写“＄B＄2：＄C＄20”，在输出区域选择新工作表．单击“确定”按钮即可得到城镇居民年人均可支配收入与年人均消费性支出的相关系数矩阵，结果如图 3 - 21 所示．

	A	B	C
1		城镇居民年人均可支配收入	年人均消费性支出
2	城镇居民年人均可支配收入	1	
3	年人均消费性支出	0.9894	1

图 3 - 21　“相关系数”的计算结果

结果说明：从上图中的城镇居民年人均可支配收入与年人均消费性支出的相关系数矩阵可看出，两者之间的相关系数为 0.989 4，呈高度线性相关，可以做线性回归分析．

第二步：单击“数据”菜单下“数据分析”选项，进入“数据分析”对话框，鼠标双击“数据分析”中的“回归”选项，弹出“回归”分析对话框，如图 3 - 22 所示．

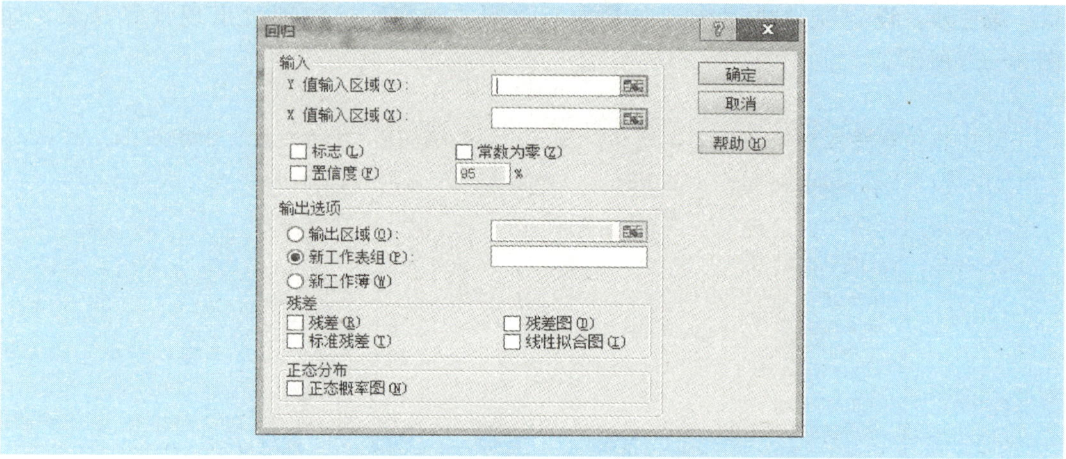

图 3-22 “回归”分析对话框

第三步：按如下方式填写“回归”分析对话框：X 值输入区域为“$B$2:$B$20”，Y 值输入区域为“$C$2:$C$20”，并选择“标志”和“线性拟合图”两个复选框，在输出选项中选择“输出区域”选项，并输入“$D$1”，单击“确定”按钮即可，结果如图 3-23 所示．

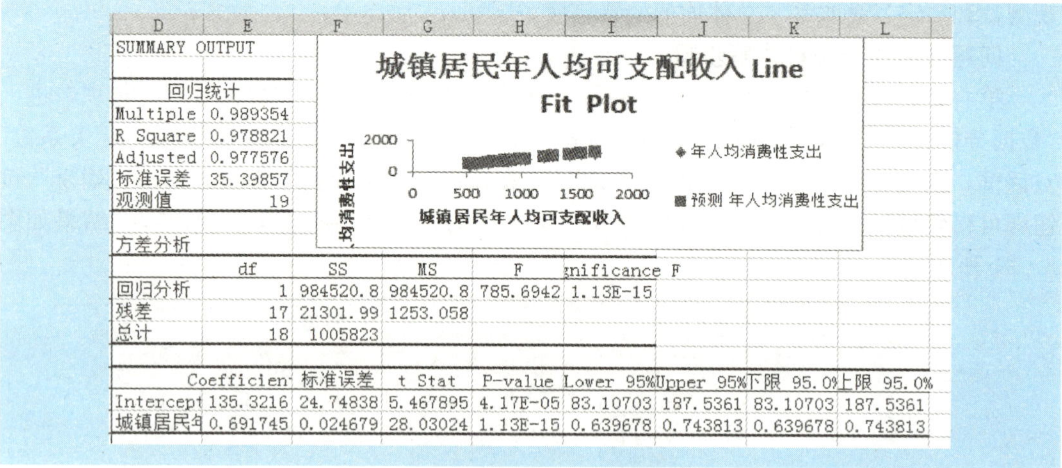

D	E	F	G	H	I	J	K	L
SUMMARY OUTPUT								
回归统计								
Multiple	0.989354							
R Square	0.978821							
Adjusted	0.977576							
标准误差	35.39857							
观测值	19							
方差分析								
	df	SS	MS	F	gnificance F			
回归分析	1	984520.8	984520.8	785.6942	1.13E-15			
残差	17	21301.99	1253.058					
总计	18	1005823						
	Coefficien	标准误差	t Stat	P-value	Lower 95%	Upper 95%	下限 95.0%	上限 95.0%
Intercept	135.3216	24.74838	5.467895	4.17E-05	83.10703	187.5361	83.10703	187.5361
城镇居民年	0.691745	0.024679	28.03024	1.13E-15	0.639678	0.743813	0.639678	0.743813

图 3-23 回归分析结果

对结果进行分析，结果可以分为四个部分：

第一部分是回归统计的结果，包括多元相关系数、可决系数 R^2、调整之后的相关系数、回归标准误差以及样本观测值个数．

第二部分是方差分析的结果，包括可解释的离差、残差、总离差和它们的自由度以及由此计算出的 F 统计量和相应的显著水平．

第三部分是回归方程的截距和斜率的估计值以及它们的估计标准误差、t 统计量大小、双边拖尾概率值，以及估计值的上下界．

根据回归方程的截距和斜率的估计值可知回归方程为：

$$\hat{y}=0.691\,745x+135.321\,6$$

第四部分是样本散点图，其中蓝色的点（图例为菱形）是样本的真实散点图，红色的点（图例为方形）是根据回归方程进行样本数据拟合的散点．如果觉得散点图不够清晰，可以用鼠标拖动图形的边界达到控制图形大小的目的．

第四步：在 Excel 的 B21、B22 单元格中分别输入 1999 年和 2000 年的人均可支配收入，在 C21 单元格中输入公式“＝$E$18＊B21＋$E$17”，应用句柄填充功能可得对应的 1999 年和 2000 年的人均消费性支出预测值分别为 1 354.87 元、1 424.04 元，如图 3－24 所示．

	A	B	C	D	E	F
1	年份	城镇居民年人均可支配收入	年人均消费性支出	SUMMARY OUTPUT		
2	1980	526.92	474.72			
3	1981	532.72	479.94	回归统计		
4	1982	566.81	488.1	Multiple	0.989354	
5	1983	591.18	509.58	R Square	0.978821	
6	1984	699.96	576.35	Adjusted	0.977576	
7	1985	744.06	654.73	标准误差	35.39857	
8	1986	851.2	755.56	观测值	19	
9	1987	884.21	798.63			
10	1988	847.26	815.4	方差分析		
11	1989	820.99	718.37		df	SS
12	1990	884.21	767.16	回归分析	1	984520.8
13	1991	903.66	759.49	残差	17	21301.99
14	1992	984.09	820.25	总计	18	1005823
15	1993	1035.26	849.78			
16	1994	1200.9	974.7		Coefficien	标准误差
17	1995	1289.77	1040.98	Intercept	135.3216	24.74838
18	1996	1432.93	1099.27	城镇居民年	0.691745	0.024679
19	1997	1538.97	1186.11			
20	1998	1663.63	1252.53			
21	**1999**	**1763**	**=$E$18*B21+$E$17**			
22	**2000**	**1863**	**1424.04**			

图 3－24　1999 年和 2000 年的预测值

用相同的方法可以进行多元线性回归分析，还可以在自变量中引入虚拟变量以提升回归方程的拟合效果．

实训 2　人均国内生产总值（GDP）和居民消费价格指数预测

表 3－23 给出了我国 1990—2004 年人均国内生产总值（GDP）和居民消费价格指数的时间序列，要求使用指数平滑法预测 2005 年的人均国内生产总值（GDP）和居民消费价格指数．

表 3-23　人均国内生产总值（GDP）和居民消费价格指数的时间序列

年份	人均 GDP（元）	居民消费价格指数(%)（上年=100）	年份	人均 GDP（元）	居民消费价格指数（%）（上年=100）
1990	1 634	103.1	1998	6 308	99.2
1991	1 879	103.4	1999	6 551	98.6
1992	2 287	106.4	2000	7 086	100.4
1993	2 939	114.7	2001	7 651	100.7
1994	3 923	124.1	2002	8 214	99.2
1995	4 854	117.1	2003	9 111	101.2
1996	5 576	108.3	2004	10 561	103.9
1997	6 054	102.8			

操作步骤

第一步：单击“数据”菜单下“数据分析”选项，在出现的“数据分析”对话框中双击“指数平滑”，出现“指数平滑”对话框．

第二步：在输入区域中输入“\$B\$2:\$B\$16”，阻尼系数设置为 0.3，输出区域中输入“\$C\$2”，如图 3-25 所示．

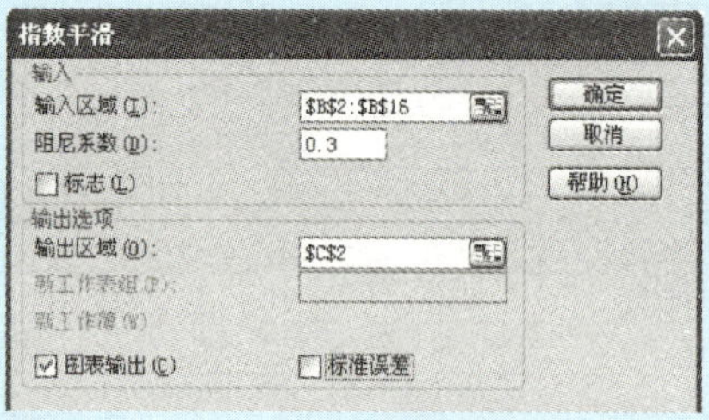

图 3-25　“指数平滑”对话框

第三步：单击“确定”按钮，得出一次指数平滑值，如图 3-26 所示.

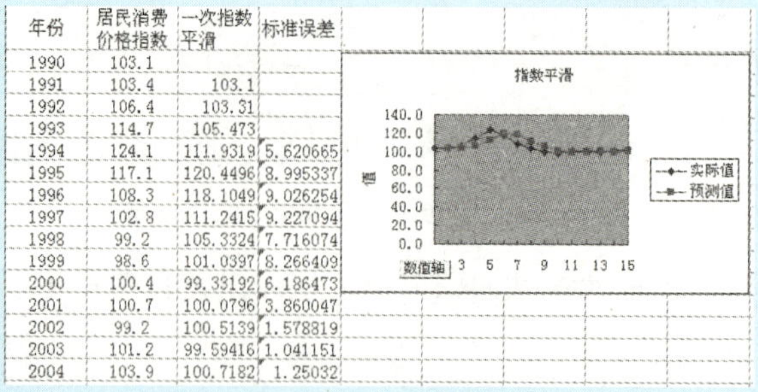

年份	居民消费价格指数	一次指数平滑	标准误差
1990	103.1		
1991	103.4	103.1	
1992	106.4	103.31	
1993	114.7	105.473	
1994	124.1	111.9319	5.620665
1995	117.1	120.4496	8.995337
1996	108.3	118.1049	9.026254
1997	102.8	111.2415	9.227094
1998	99.2	105.3324	7.716074
1999	98.6	101.0397	8.266409
2000	100.4	99.33192	6.186473
2001	100.7	100.0796	3.860047
2002	99.2	100.5139	1.578319
2003	101.2	99.59416	1.041151
2004	103.9	100.7182	1.25032

图 3-26　指数平滑结果输出图

则 2005 年居民消费价格指数预测值为

$$\hat{y}_{2005}=0.7\times103.9+(1-0.7)\times100.7=102.94$$

练习三

1. 某地举行了一次语文、数学、外语三科竞赛，表 3－24 是该校的竞赛成绩. 运用所学的知识，将表格填写完整 .

表 3－24 三门学科竞赛总成绩统计表

分数段	频数	频率
280～300 分		0.1
260～279 分	7	
240～259 分	10	
220～239 分	9	
200～219 分	8	
180～199 分	7	
0～179 分		
合计	50	

2. 我国原卫生部信息统计中心根据国务院新闻办公室授权发布的 2003 年全国（不含港澳台）5 月 21 日至 5 月 25 日非典型性肺炎发病情况，按年龄段进行统计分析，各年龄段发病的总人数如图 3－27 所示（病人年龄在 0～80 岁），请你观察图形回答下面的问题：

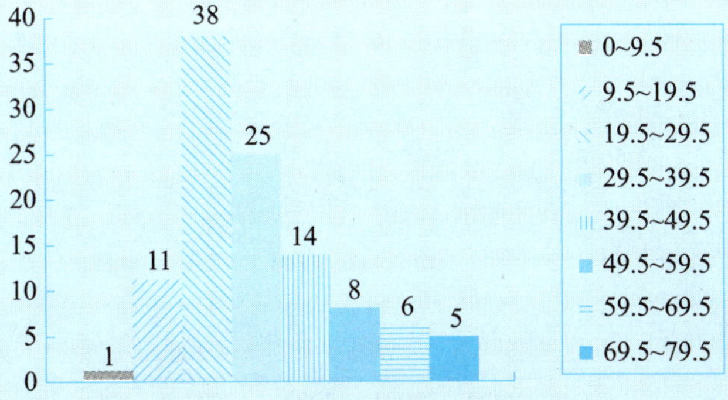

图 3－27 非典型性肺炎发病情况统计

（1）全国（不含港澳台）5月21日至5月25日平均每天有________人患非典型性肺炎；

（2）年龄在29.5～39.5岁这一组的频数是________，频率是________；

（3）根据统计图，年龄在________范围内的人发病最多．

3. 在2000年第27届悉尼奥林匹克运动会上，中国体育代表团取得了很好的成绩．表3－25为闭幕式时组委会公布的金牌榜，表3－26为第23～27届中国奥运奖牌榜．

表3－25　奥运奖牌榜（第27届）

代表队	金牌	银牌	铜牌	合计
美国	39	25	33	97
俄罗斯	32	28	28	88
中国	28	16	15	59
澳大利亚	16	25	17	58
德国	14	17	26	57
其他	172	略	略	略

表3－26　第23～27届中国奥运奖牌榜

届数	金牌	银牌	铜牌	总计
第23届	15	8	9	32
第24届	5	11	12	28
第25届	16	22	16	54
第26届	16	22	12	50
第27届	28	16	15	59

请回答下列问题：

（1）中国体育健儿在第27届奥运会上共夺得多少枚奖牌？其获得的金牌数在奥运会金牌总数中占多大的比例？你能选择合适的统计图来表示这个结果吗？

（2）从所获奖牌总数情况看，和第23～26届奥运会相比，中国体育健儿在第27届奥运会上的成绩如何？你能选择合适的统计图表示这个结果吗？

4. 美化城市、改善人们的居住环境已成为城市建设的一项重要内容．某市城区通过拆迁旧房、植草、栽树、修建公园等措施，使城区绿地面积不断增加，如图3－28所示．根据图中所提供的信息，回答下列问题：

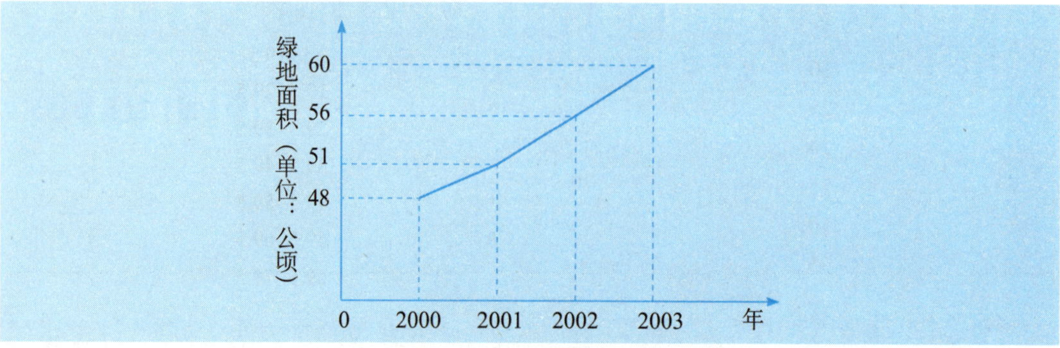

图3－28　地区每年年底绿地面积统计图

（1）2003 年年底的绿地面积为多少公顷？比 2002 年年底增加了多少公顷？

（2）在 2001 年、2002 年、2003 年这三年中，增加绿地面积最多的是哪一年？

（3）为满足城市发展的需要，计划在 2004 年年底使城市绿地面积达到 70.2 公顷，试求今年绿地面积的年增长率.

5. 为了更好地加强城市建设，某地政府就社会热点问题广泛征求市民意见，方式是发调查表，要求每位被调查人员只写一个其最关心的有关城市建设的问题．经统计整理，发现对环境保护问题提出得最多，共 700 个，同时制作了相应的条形统计图，如图 3－29 所示. 请回答下列问题：

（1）共收回调查表多少张？

（2）提道路交通问题的有多少人？

（3）请你把这个条形统计图用扇形统计图表示出来．

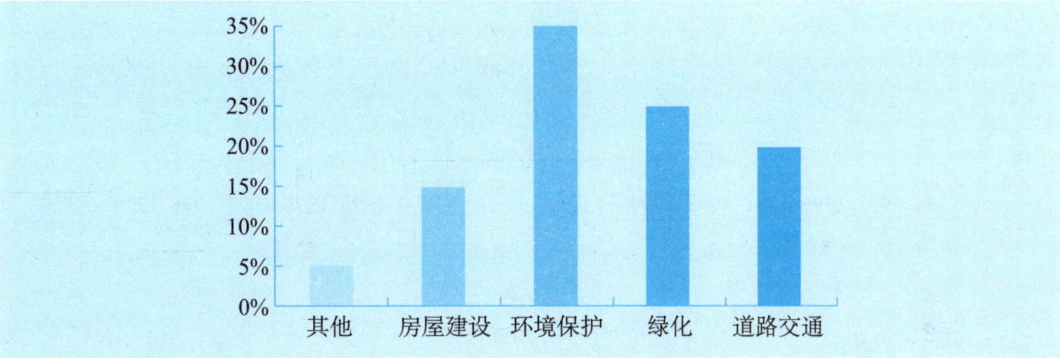

图 3－29　统计图

6. 某企业某日工人的日产量资料见表 3－27.

表 3－27　日产量统计表

日产量（件）	工人人数（人）
X	f
10	70
11	100
12	380
13	150
14	100
合计	800

请计算该企业该日全部工人的平均日产量．

7. 全国民航运输线路长度 1994—1999 年的情况见表 3－28.

表 3－28　全国民航运输线路长度

年份	1994	1995	1996	1997	1998	1999
长度（万千米）	104.56	112.90	116.65	142.50	150.58	152.22

（1）小冬、小春和小寒根据上述数据分别绘制了折线统计图，如图 3－30 所示．仔细比较这 3 张图，它们所表示的数据相同吗？为什么 3 张图给人的感觉各不相同？

（2）小秋根据表中的数据绘制了条形统计图，这张图容易使人产生错误的感觉吗？为什么？你认为这张图应做怎样的改动？

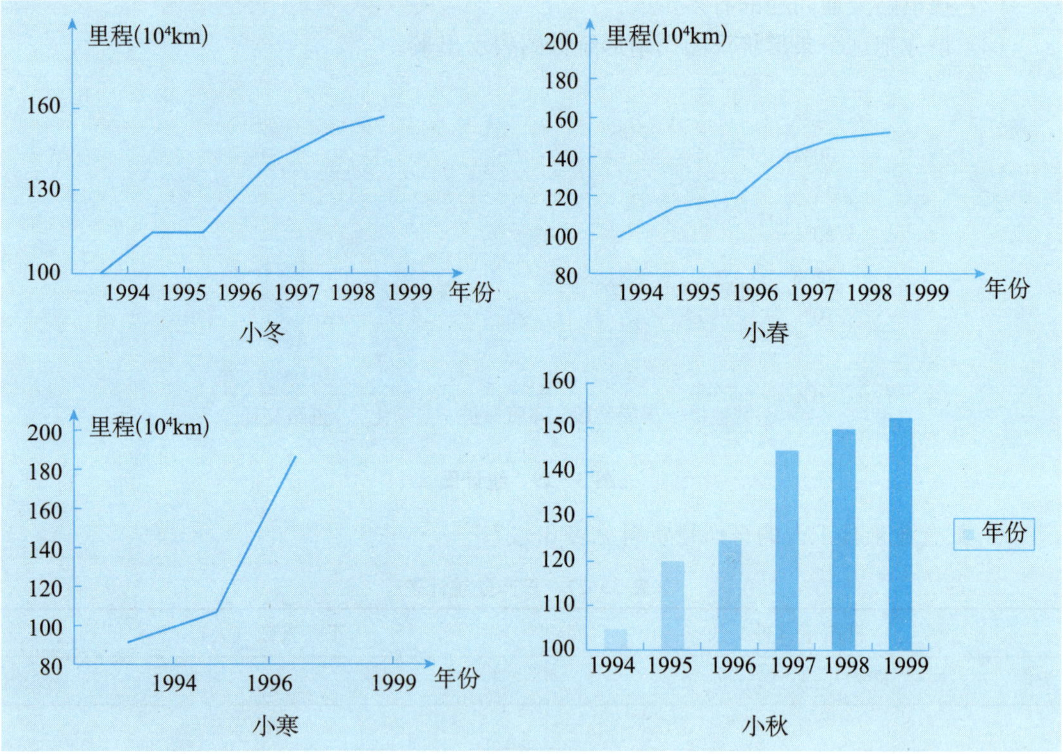

图 3－30　折线统计图和条形统计图

8. 甲、乙两个学习小组各有 4 名同学，在某次测验中，他们的得分情况见表 3－29.

表 3－29　测验成绩表

学习小组	组员 1	组员 2	组员 3	组员 4
甲	88	95	97	100
乙	90	94	97	99

请分别计算甲、乙两个学习小组得分的平均数和方差．

9. 在一组样本数据 $(x_1, y_1), (x_2, y_2), \cdots, (x_n, y_n)(n \geqslant 2, x_1, x_2, \cdots, x_n)$ 的散点图中，若所有样本点 $(x_i, y_i)(i = 1, 2, \cdots, n)$ 都在直线 $y = \frac{1}{2}x + 1$ 上，则这组样本数据的样本相关系数是多少？

10. 从某居民区随机抽取 10 个家庭，获得第 i 个家庭的月收入 x_i（单位：千元）与月储蓄 y_i（单位：千元）的数据资料，算得 $\sum_{i=1}^{10} x_i = 80, \sum_{i=1}^{10} y_i = 20, \sum_{i=1}^{10} x_i y_i = 184, \sum_{i=1}^{10} x_i^2 = 720$.

(1) 求家庭的月储蓄 y 对月收入 x 的线性回归方程 $y = bx + a$；

(2) 判断变量 x 与 y 之间是正相关还是负相关；

(3) 若该居民区某家庭月收入为 7 000 元，预测该家庭的月储蓄．

11. 某家电厂商需要知道在一定的广告费用投入下对应的销售额，从所有销售额相似的地区中随机选取 12 个地区，分别统计该地区的广告费用和销售额，数据见表 3－30，试预测当投入广告费用为 500 万元时的销售额．

表 3－30　销售额与广告费用关系统计表　　单位：万元

地区	广告费用	销售额	地区	广告费用	销售额
1	210	3 100	7	360	4 500
2	250	3 300	8	380	4 750
3	290	3 850	9	400	5 200
4	300	4 050	10	450	5 600
5	330	4 200	11	470	5 800
6	350	4 400	12	480	5 900

12. 表 3－31 是一家旅馆过去 18 个月的营业额数据.

表 3－31　过去 18 个月营业额数据

月份	营业额（万元）	月份	营业额（万元）
1	295	10	473
2	283	11	470
3	322	12	481
4	355	13	449
5	286	14	544
6	379	15	601
7	381	16	587
8	431	17	644
9	424	18	660

(1) 用三期移动平均法预测第 19 个月的营业额．

(2) 采用指数平滑法，分别用平滑系数 $\alpha = 0.3$ 和 $\alpha = 0.5$ 预测各月的营业额，分析预测误差，并说明用哪一个平滑系数预测更合适.

13. 一家电气销售公司的管理人员认为，每月的销售额是广告费用的函数，并想通过广告费用对月销售额作出估计．表 3－32 是近 8 个月的月销售额与广告费用数据.

表 3-32　近 8 个月的销售额与广告费用数据

月销售额 Y（万元）	电视广告费用 X_1（万元）	报纸广告费用 X_2（万元）
96	5	1.5
90	2	2
95	4	1.5
92	2.5	2.5
95	3	3.3
94	3.5	2.3
94	2.5	4.2
94	3	2.5

（1）通过电视广告费用作自变量、月销售额作因变量，建立估计的回归方程．

（2）通过电视广告费用和报纸广告费用作自变量、月销售额作因变量，建立估计的回归方程．

（3）上述问题（1）和问题（2）所建立的估计的回归方程，电视广告费用的系数是否相同？对其回归系数进行解释．

14. 随机抽取 10 家航空公司，对其最近一年的航班正点率和顾客投诉次数进行调查，所得数据见表 3-33.

表 3-33　航班正点率与顾客投诉次数统计数据

航空公司编号	航班正点率（%）	顾客投诉次数（次）
1	81.8	21
2	76.6	58
3	76.6	85
4	75.7	68
5	73.8	74
6	72.2	93
7	71.2	72
8	70.8	122
9	91.4	18
10	68.5	125

要求：

（1）绘制散点图，说明二者之间的关系形态．

（2）用航班正点率作自变量、顾客投诉次数作因变量，求出估计的回归方程，并解释回归系数的意义．

（3）如果航班的正点率为 80%，估计顾客的投诉次数．

第四章

用图表示关系

在实际生活中，人们经常会碰到各种各样的关于图的问题．几乎可以想到的每个学科中的问题都可以运用图模型来解决．例如，如何用图表示生态环境里不同物种的竞争，如何用图表示组织中谁对谁产生了影响，如何用图表示一个交通网络，等等．图是由顶点和连接顶点的边构成的离散结构．在本章中，我们将比较系统地介绍如何建立图模型以及利用图模型来解决实际问题．

第一节
图的基本概念

首先让我们用两个例子来阐述图的基本概念.

例 1　有 3 个人 A、B 和 C，3 件工作 D、E 和 F，假设 A 只能做工作 D，B 能做工作 E 和 F，C 能做工作 D 和 E，则这种情形可用图表示，在人和这个人能够做的工作之间画线，如图 4-1 所示.

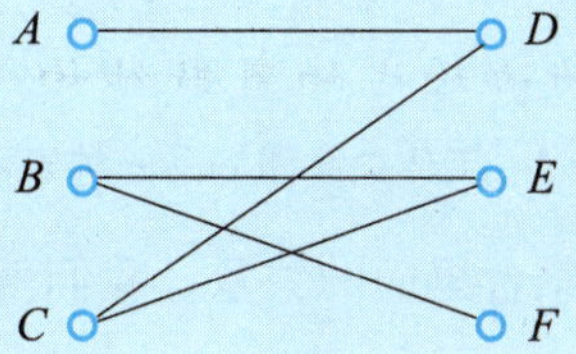

图 4-1　工作关系图

例 2　考虑一张航线地图，图中用点表示城市，当两个城市间有直达航班时，就用一条线将相应的点连接起来. 这种航线地图的一部分如图 4-2 所示.

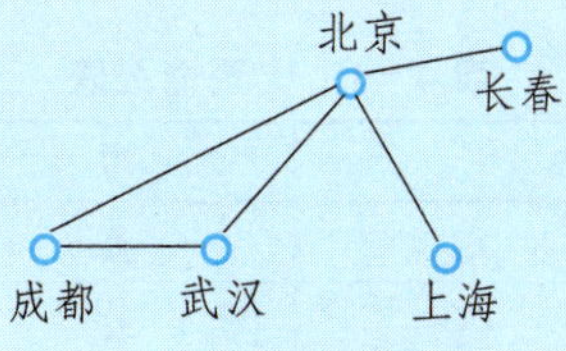

图 4-2　航行线路图

当然，这两张图也可以表示其他含义. 例如，例 1 的图中，点 A、B、C、D、E、F 可以分别表示 6 家企业，如果某两家企业有业务往来，则其对应的点之间用线连接起来，这时的图又反映了这 6 家企业间的业务关系.

事实上，生活中的许多问题如果用图来描述可能更加简洁、清晰，这种图是由一些点以及这些点中的某些点对的连线构成的.

概念1 图 G 是一个包含有限个点（称之为**顶点**）和连接各对顶点的线段（称之为**边**）的图形，记作 $G=(V,E)$，其中 V、E 分别为图 G 的顶点集和边集．如果图 G 中的边有方向，则称图 G 为**有向图**，否则称图 G 为**无向图**．

在图的图形表示中，每个顶点用一个小圆点表示，每条边用顶点之间的连线段表示．图4－1便是一个图的例子，它的顶点是 A、B、C、D、E、F，连接它们的5条线段就是边．一般情况下，我们用大写字母 A、B、C 等来标记这些顶点，如果只有一条边连接两个顶点，我们就将这两个顶点的字母连接起来表示这条边．例如，在图4－1中，我们可以称连接 A 和 D 的边为 AD 或者 DA，如果有两条或者两条以上的边连接某两个顶点，我们用 $e_1,e_2\cdots$来分别表示这些边．

在图论中，我们只关注一个图有多少个顶点、哪些点之间有边连接，至于连线的长短曲直和顶点的位置无关紧要．例如，我们可以把图4－1画成图4－3的形状．

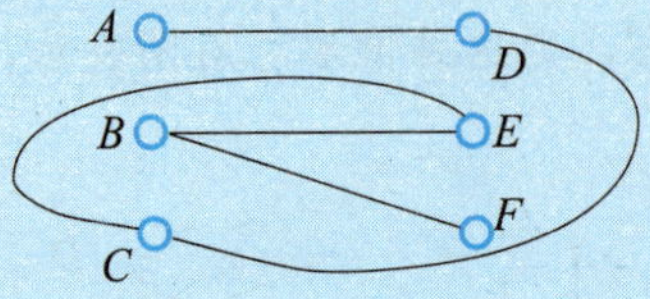

图4－3　工作关系图的另一种表示方式

至此，如果能确定一个对象集合里面的关系，我们就可以按照下面的方式建立一个图论模型：

（1）用顶点代表每一个对象；

（2）对于每一对有关系的对象，将相应的顶点用边连接起来．

例3（比赛图模型） 甲、乙、丙、丁、戊5支球队进行比赛，各队之间的比赛胜负情况见表4－1，试用图表示这5支球队之间的胜负关系．

表4－1　比赛情况表

	甲	乙	丙	丁	戊
甲	×	胜	负	胜	胜
乙	负	×	胜		
丙	胜	负	×	胜	
丁	负		负	×	负
戊	负			胜	×

解 一个顶点表示一支球队，球队之间的胜负关系用有向边表示，如果甲队击败了乙队，则顶点对（甲，乙）之间有一条从甲到乙的有向边．图4－4是表示5支球队比赛情况的有向图模型．从图中可以很容易看出，在这项赛事里，目前丁队无胜绩．

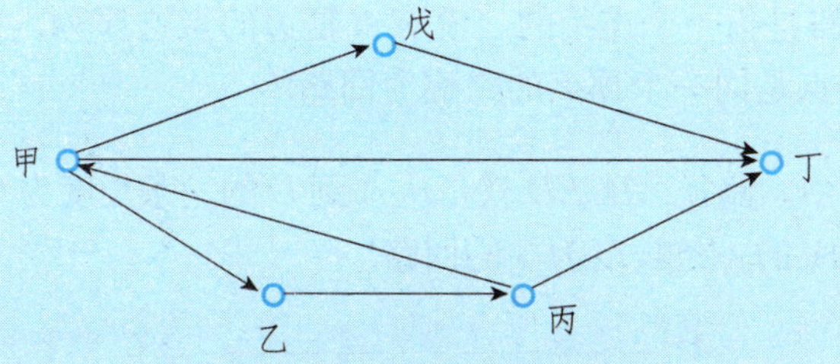

图 4－4　比赛结果图模型

例 4（生态学栖息地重叠图模型）用顶点表示每一个物种，若两个物种竞争（即它们共享某些食物来源），则用无向边连接它们对应的顶点．图 4－5 表示一个森林生态系统，从中可以看出松鼠与浣熊竞争，乌鸦不与臭鼬竞争．

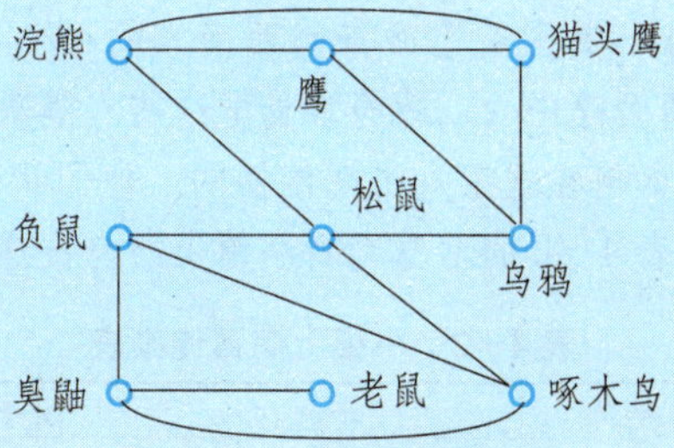

图 4－5　栖息地重叠图

为了更进一步地了解图论模型，下面介绍有关图的其他概念．

概念 2　如果可以从图中任意一个顶点开始沿着边连续地画到另外一个任意的顶点，则称为**连通图**．连通图里被称为**桥**的边是指如果移去这条边的话，图就不再连通了．

例如，图 4－6 就是一张连通图，图中的边 CG 是一座桥．

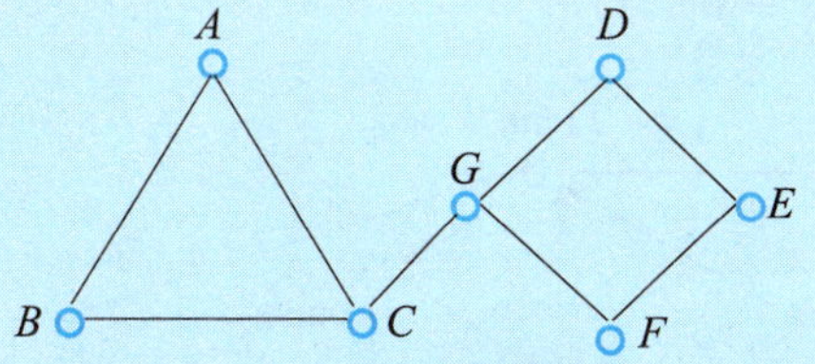

图 4－6　连通图

在现实世界中，我们常常要考虑这样一个问题：如何从图中给定的一个顶点出发，沿着一些边连续移动，到达另一个指定的顶点，这种依次由点和边组成的序列，就形成了路的概念．

概念3 图中的**路**是指一个连续的、没有重复边的点边序列．路中，边的条数称为**路的长度**．起点和终点是同一个顶点的路称为**回路**．

例如，在图4-7中，路径$ABGED$就是从A到D的一条长度为4的路，路径$ABHEFA$就是从A出发又回到A的一条长度为5的回路．

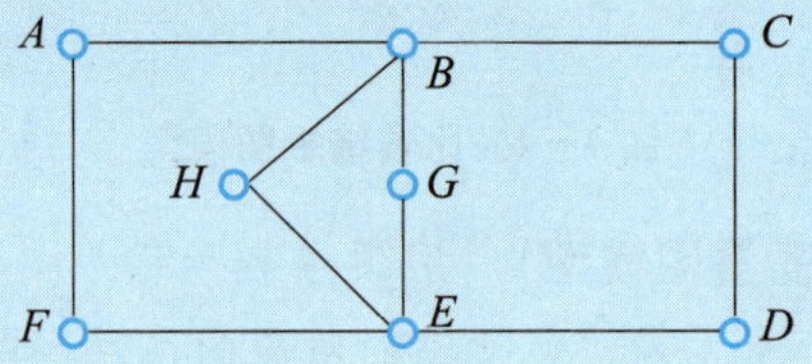

图4-7　路及回路

例5　**（疾病传播模型）**　美国新墨西哥州西南方的一个小镇面临一场危机．有8个被hanta病毒感染的人已经报给镇医疗中心，政府官员把这些人隔离，并希望其他人没有感染这种病毒．健康部门来调查病毒是如何在这组人之间传播的．他们认为病毒最初是由一个人带入小镇，然后向其他人传播．请用表4-2的信息判断小镇上所有被感染的人是否都已经被隔离了．

表4-2　小镇上病毒传染表

代号	病人	小组中从病人这里感染病毒的人
A	Amanda	Dustin，Jackson
B	Brian	Caterina，Frank，Ina
C	Caterina	Frank
D	Dustin	Caterina
F	Frank	Louisa
I	Ina	Brian，Frank
J	Jackson	Amanda，Caterina，Frank
L	Louisa	Caterina

解　用顶点表示病人，因为Amanda将病毒传给了Dustin，所以从Amanda向Dustin画一条有向边．这样我们很容易利用有向图为疾病传播情况建立模型，如图4-8所示．

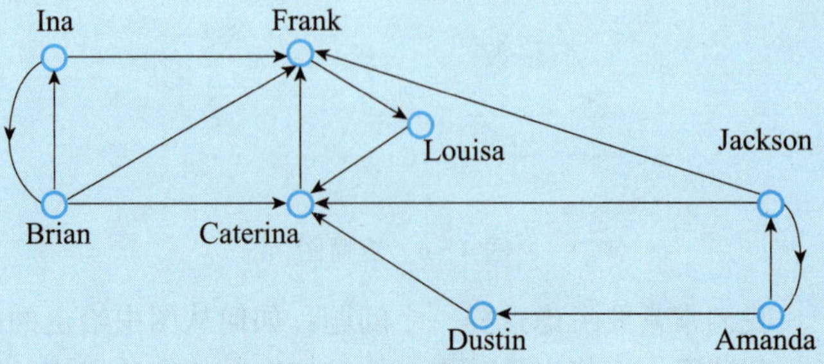

图4-8　疾病传播图模型

图 4-8 中的有向边表示病毒是如何在这组人中传播的．例如，图中的路 $ADCF$ 表示病毒有可能是由 Amanda 传给 Dustin，再传给 Caterina，再到 Frank 的．因此，从图中我们可以看出病毒不可能从 Amanda 开始在这组人之内传播，因为图中不存在一条从 Amanda 到 Brian 的路．实际上，通过检查每一个人，我们发现病毒不可能由他们之中的某一个人开始传播，并传给其他的所有人．因此，小镇上必然至少有一人，他已经被病毒感染，但是没有被发现．

有时，我们解决问题的时候只需要图的某一部分．例如，如果只关心疾病传播模型中涉及 Amanda、Brian、Dustin 这三个人之间的那一部分，那么，这个组中其他的人以及不连接到这 3 个人里任何 2 个人的所有边都可以忽略．也就是说，在大网络的图模型里，可以删除这 3 个人以外的所有顶点和与所删除顶点关联的边．删除后剩下的图称为原图的子图．

概念 4　设 $G=(V,E)$，$G'=(V',E')$ 是两个图，若 $V'\subseteq V$，且 $E'\subseteq E$，则称 G' 是 G 的**子图**，G 是 G' 的**母图**．特别地，如果 G' 是 G 的子图，并且 $V'=V$，则称 G' 是 G 的**生成子图**．

例如，图 4-9 中，(2)、(3) 均为 (1) 的子图．更进一步地，因为 (3) 中的顶点数和 (1) 的顶点数相等，所以 (3) 还是 (1) 的生成子图．类似地，(5)、(6) 是 (4) 的子图，(6) 是 (4) 的生成子图．

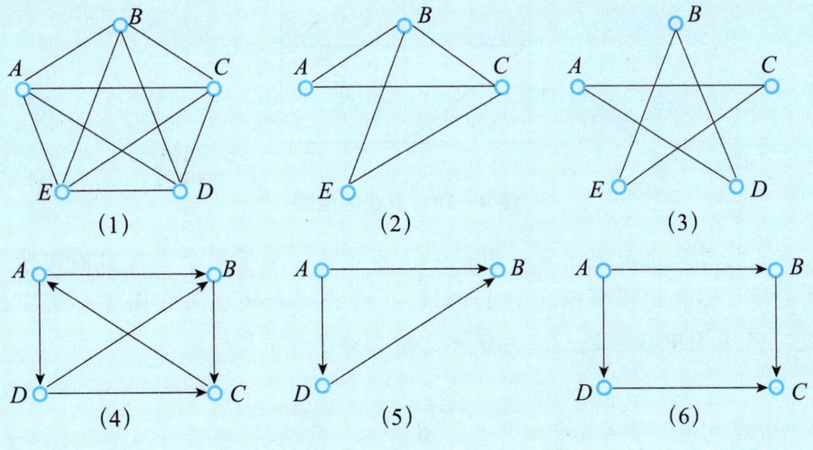

图 4-9　子图与母图

因此，生成子图一定是子图，但是子图不一定是生成子图，并且每个图都是本身的子图．对于子图的应用，我们将在第四节中介绍．

第二节
欧拉图及其应用

第一节说明了如何用图来建立模型和解决实际问题，本节将集中讨论欧拉图的应用.

例6 **（设计区间公交车路线）** 某运输管理部门正在设计一套新的区间公交系统来运送城市商业区的顾客，具体地图如图4-10所示. 为了提高公交车的运行效率，他们希望能够设计一条恰好通过商业区每条道路一次的运行路线，并且最终回到初始位置.

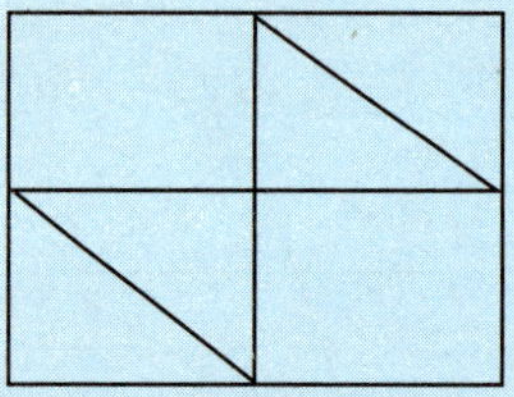

图4-10 商业区地图

为此，首先将每一个道路交叉口用一个顶点表示，连接两个交叉口的道路用一条边表示，这样我们就可以将地图模拟成图4-11，从而将问题转化为在图4-11中找到一条从顶点A出发，走遍图中每条边一次且仅一次的回路.

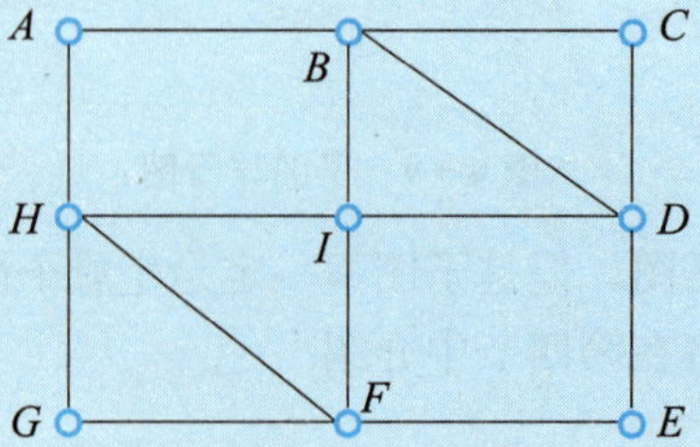

图4-11 商业区模拟图

为了更好地解决这个问题，下面介绍几个概念.

概念 5　经过图中所有边一次且仅一次的路称为**欧拉路**. 起点和终点是同一顶点的欧拉路称为**欧拉回路**. 包含欧拉回路的图称为**欧拉图**，包含欧拉路但不包含欧拉回路的图称为**半欧拉图**.

例如，在图 4-12 中，路径 $ABCDEFBEA$ 包含图中的所有边，并且路径中没有重复的边，所以路径 $ABCDEFBEA$ 是一条长度为 8 的欧拉路. 同时，它也是一条欧拉回路，因为它的起点和终点都在同一个顶点.

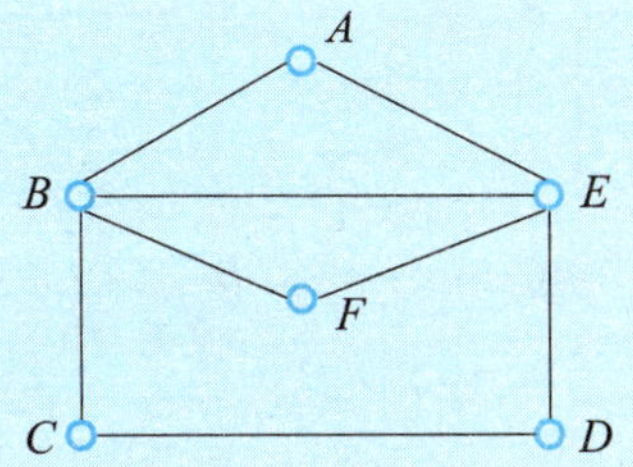

图 4-12　欧拉图示例

注意　欧拉图肯定包含欧拉路和欧拉回路，半欧拉图只包含欧拉路而不包含欧拉回路.

至此，解决例 6 中的公交车线路问题，相当于要在图 4-11 中找到一条欧拉回路. 由概念 5 可知，欧拉图中必定存在欧拉回路，因此，问题转化为判断图 4-11 是否为欧拉图. 下面将给出欧拉图和半欧拉图的判定定理.

在给出欧拉图和半欧拉图的判定定理之前，我们先来看一个有趣的问题——**笔画问题**，也就是说，什么样的图能够在笔不离纸的情况下一笔画出来.

概念 6　一个顶点所关联的边（即以该顶点为端点的边）的条数，称为该顶点的**度数**.

例如，在图 4-13 中，顶点 A、B、D、E、F 的度数均为 2，因为与这些顶点关联的边都是两条. 类似地，因为与顶点 C、G 相连的边为 3 条，所以顶点 C、G 的度数为 3.

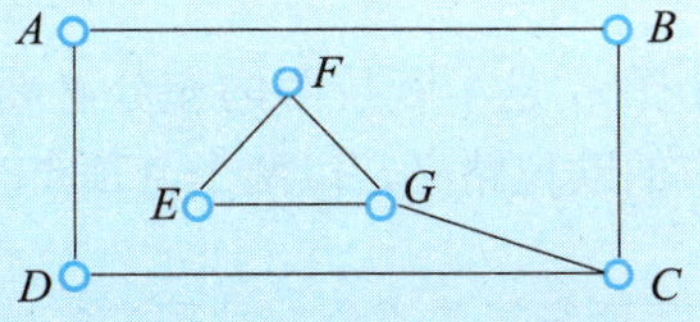

图 4-13　欧拉图示例

概念 7　度数为奇数的顶点称为**奇顶点**，度数为偶数的顶点称为**偶顶点**.

例如，在图 4－13 中，顶点 A、B、D、E、F 是偶顶点，顶点 C、G 是奇顶点.

例 7 判断图 4－13 能否在笔不离纸的情况下一笔画出来.

解 在画图的过程中，采取走过一条边就擦掉这条边的方式，如果能把所有边都擦掉，那么这个图肯定就能够一笔画出来. 也就是说，图中所有顶点的度数都要变为 0，因为如果还存在度数不为 0 的顶点，那么肯定还有边没被擦掉.

假设从顶点 C 出发，沿着边 CD 走到顶点 D，并把边 CD 擦掉，如图 4－14（a）所示，顶点 C 和顶点 D 的度数都减少了 1. 接着，从顶点 D 出发到达顶点 A，顶点 D 的度数又减少了 1，故顶点 D 的度数变为 0，如图 4－14（b）所示，我们已走的路是 CDA.

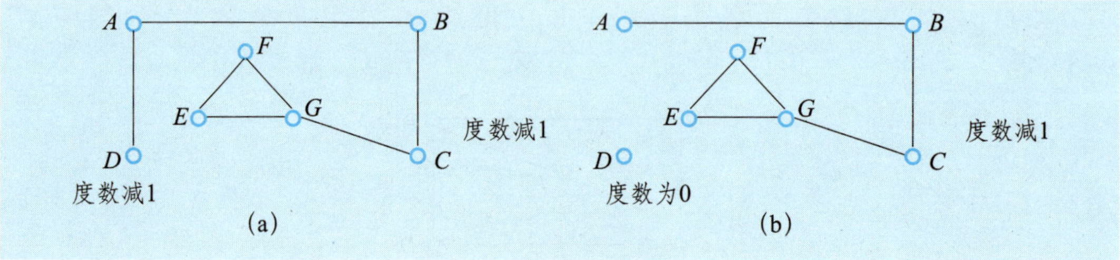

图 4－14 欧拉图示例

事实上，在一笔画过程中，每经过一个顶点，该顶点的度数都要减 2，因此，不管经过顶点几次，经过的顶点的奇偶性不变，即偶顶点还是偶顶点，奇顶点还是奇顶点. 一个图能否被一笔画出来，只需要看各顶点是否都是偶顶点（出发点和结束点除外）.

在本例中，我们继续从 A 出发，经过 B 点，到达顶点 C，此时所走的路是 $CDABC$. 然后，从 C 点出发依次经过顶点 G、F、E，再回到 G 点，所走的路为 $CDABCGFEG$. 至此，图中所有边都被擦掉了，说明图 4－13 能够一笔画出来.

细心的读者可能已经发现，图 4－13 仅有两个奇顶点，一笔画的路径是一条欧拉路，且两个奇顶点恰好是欧拉路的两个端点，图 4－13 不存在欧拉回路. 一笔画问题就是寻找一条欧拉路或者欧拉回路，而欧拉图必定包含欧拉回路，包含欧拉回路的图必定是欧拉图. 下面给出欧拉图判定定理和半欧拉图判定定理.

欧拉图判定定理： 一个图 G 是欧拉图的充分必要条件是图 G 是连通图且无奇顶点.

半欧拉图判定定理： 一个图 G 是半欧拉图的充分必要条件是图 G 是连通图且刚好有两个奇顶点. 半欧拉图对应的欧拉路必定以两个奇顶点为端点.

例 8 请判断图 4－15 的两张图是否为欧拉图或半欧拉图.

解 （a）是一个连通图，但是图中含有 4 个奇顶点，根据判定定理，（a）既不是欧拉图也不是半欧拉图.（b）是连通图并且图中每个顶点都是偶顶点，所以（b）是一个欧拉图.

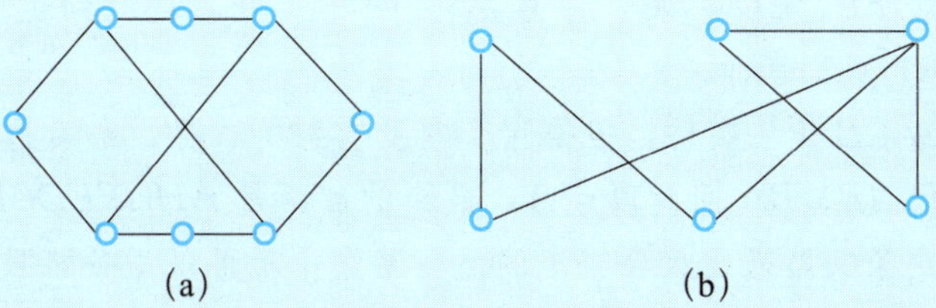

图 4-15 例 8 示意图

例 9 **(蚂蚁比赛问题)** 甲、乙两只蚂蚁分别位于顶点 A、B 处，如图 4-16 所示. 假设图中边的长度是相等的，甲、乙进行比赛，从它们所在顶点出发，走遍图中的所有边，最后到达顶点 C. 如果它们的速度相同，请问谁先到达目的地？

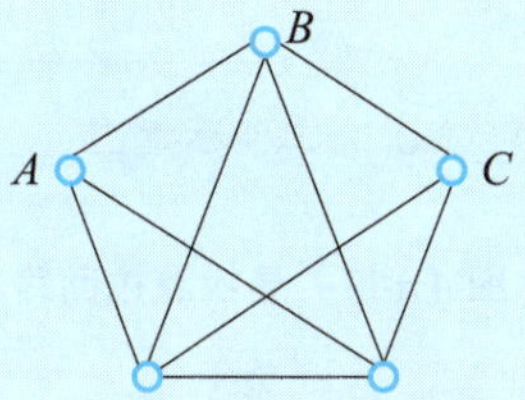

图 4-16 蚂蚁比赛图

解 图 4-16 中仅有两个奇顶点 A、C，根据半欧拉图判定定理，存在从 A 点到 C 点的欧拉路，蚂蚁甲走到 C 点只需要走一条欧拉路，边数为 9 条. 而蚂蚁乙要想走完所有的边到达 C 点，至少要先走一条边到达 A 点，再走一条欧拉路，故蚂蚁乙至少要走 10 条边才能到达 C 点 . 因此，在速度相同的情况下，蚂蚁甲先到达目的地.

现在我们已经能确定图 4-11 是一个欧拉图了，因此，公交车路线设计问题中管理部门希望的设计路线一定是存在的，剩下的事情就只需要在图中找到这样一条路线. 如何在一个比较复杂的图中找到一条欧拉回路呢？弗罗莱（Fleury）给出了一个系统寻找欧拉回路的算法.

弗罗莱算法：在一个欧拉图中，我们可以按照下面的步骤寻找欧拉回路：从图中任意一个顶点开始，运用下面的规则连续地通过各边：

(1) 经过一条边后，把它擦掉. 如果一个顶点的所有边都被擦掉了，那么也将这个顶点擦掉.

(2) 当且仅当没有其他的选择时经过一座桥.

例 10 利用弗罗莱算法在图 4-11 中寻找到一条欧拉回路.

解 第一步：从顶点 A 开始，走过边 AH，并把它擦掉. 如图 4-17 (a) 所示.

第二步：经过边 HG 和 GF，到达 F 点，擦掉边 HG 和 GF，而且所有连接顶点 G 的边都被擦掉了，所以把顶点 G 也擦掉. 目前的路是 $AHGF$. 如图 4-17 (b) 所示.

第三步：经过边 FE、ED、DC，并擦去它们和顶点 E，此时到达顶点 C 的路是 $AHGFEDC$. 如图 4-17（c）所示.

第四步：现在边 CB 是一座桥，但是除了它没有别的选择，沿着边 CB 连续通过 BD、DI、IF、FH、HI、IB、BA 回到顶点 A，最终的回路是 $AHGFEDCBDIFHIBA$. 如果运输管理部门沿着这条回路来设计公交车的运行路线，就可以每条路只走一次来提高运行效率.

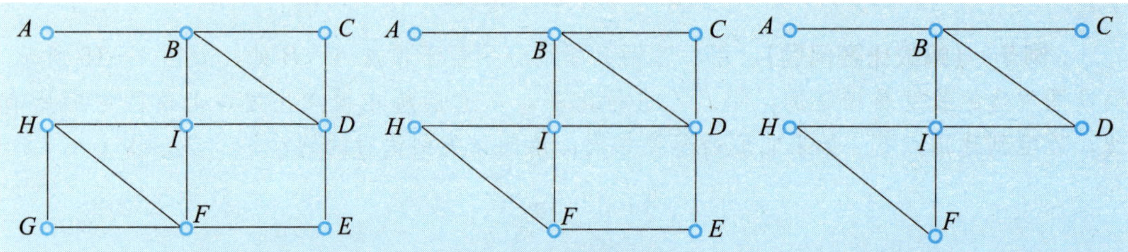

图 4-17　寻找欧拉回路

例 11　一个邮递员投递信件要走的街道如图 4-18 所示，图中的数字表示各条街道的千米数. 他从邮局 A 出发，要走遍各街道，最后回到邮局. 怎样走才能使所走的行程最短？全程多少千米？

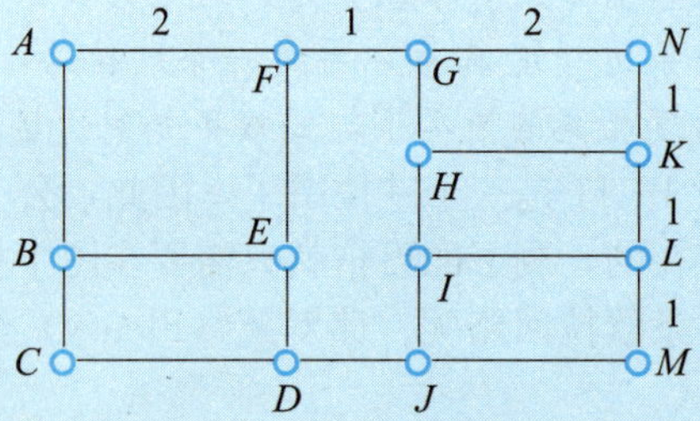

图 4-18　街道示意图

解　图中顶点 B、D、E、F、G、H、I、J、K、L 均是奇顶点，根据欧拉图判定定理，图 4-18 不是欧拉图. 因此，邮递员要想把每条街道只走一遍然后回到邮局是不可能实现的，他必须重复走一些街道. 如果邮递员想要行程最短，他重复走的街道数要越少越好、越短越好.

因为欧拉回路是一条通过图中每条边一次且仅一次的路，不存在行程的长短，所以问题转化为如何在图 4-18 中添加边，使添加的边的长度之和最短，且消除图 4-18 中所有的奇顶点. 图 4-18 有 10 个奇顶点，至少添加 5 条边，故一个使长度之和最短的添加边的方案如图 4-19 所示.

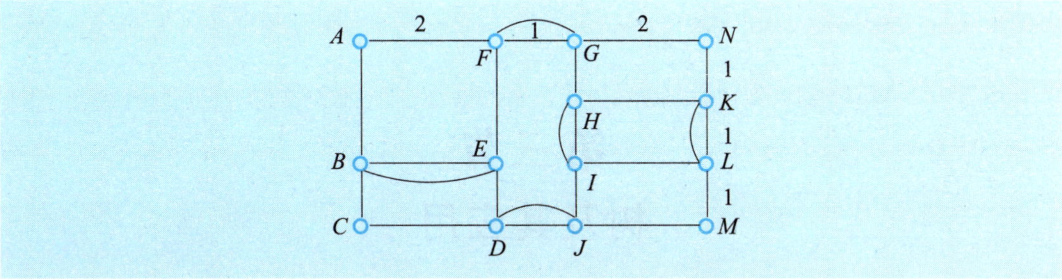

图 4-19　邮递员最短行程示意图

接下来，我们就可以利用弗罗莱算法在图 4-19 中找到一条欧拉回路了．例如，$ABCDJMLKNGHKLIHIJDEBEFGFA$，这是一条邮递员行程最短的回路，最短行程为 34 千米．

第三节
树及其应用

树是图中一个非常重要的概念，以树为模型的应用领域非常广泛，比如计算机、化学、地理学、植物学和心理学等. 本节将介绍树的概念及基于树的各种应用模型.

例 12 **（道路扫雪问题）** 图 4 - 20（a）表示的是某地区的 6 个乡镇之间的公路交通网络. 在冬天，为了保持道路通畅，公路部门需要经常扫雪. 为了提高效率，公路部门希望只扫尽可能少的道路上的雪，但是又能确保任何两个乡镇之间都存在一条干净的道路，请问公路部门该如何设计扫雪路线？

解 要设计一条扫雪路线，只需要在图 4 - 20（a）的基础之上删掉一些边，来构建一个包含所有顶点并且边数最少的连通子图. 不难发现，公路部门至少需要扫除其中 5 条道路上的雪，才能保证任何两个乡镇之间有一条干净的道路，其中的一个清扫方案如图 4 - 20（b）所示. 需要注意的是，图 4 - 20（b）只是给出了一个道路条数最少的方案，如果需要求清扫总里程最短的方案，则需要进一步知道每一条道路的里程信息.

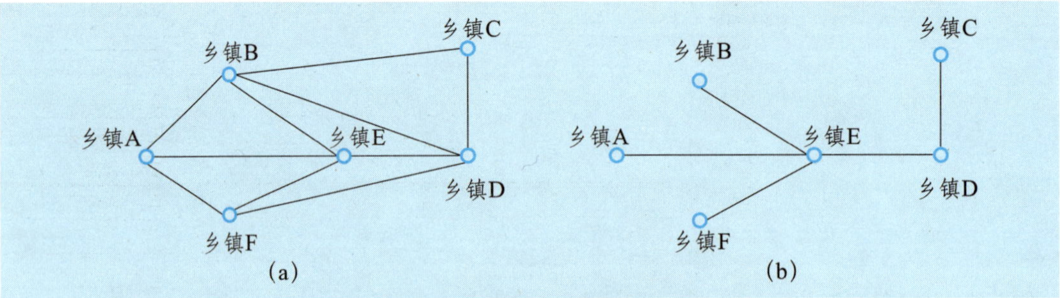

图 4 - 20　乡镇间的公路交通网络

为了更好地理解这个问题，下面介绍树的基本概念和性质.

概念 8 连通而不含回路的无向图称为**无向树**，简称**树**. 如果一个有向图在不考虑边的方向时是一棵树，则称这个有向图为**有向树**.

显然，图 4 - 20（b）是一棵树.

例 13　在图 4 - 21 中哪些图是树?

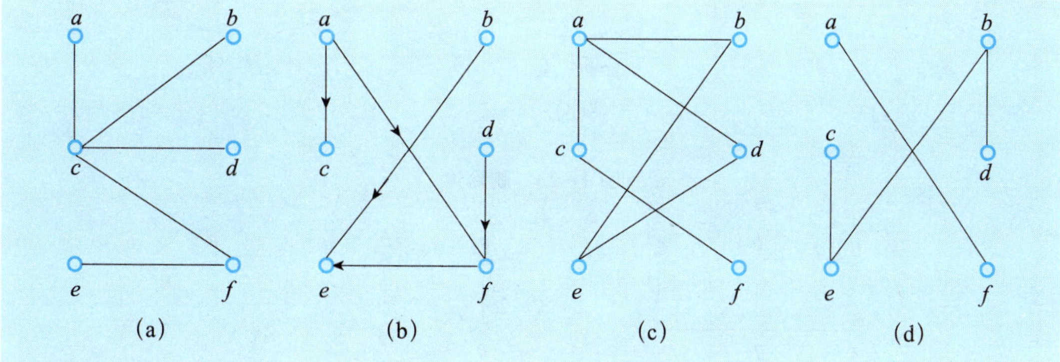

图 4 - 21　例 13 示意图

解　图 4 - 21（a）是一棵无向树，因为是无向连通图且没有回路. 图 4 - 21（b）是一棵有向树，因为在不考虑边的方向时是一棵树，故是一棵有向树. 图 4 - 21（c）不是树，因为存在回路，比如回路 *ebade*. 图 4 - 21（d）不是树，因为不是连通图.

概念 9　若图 G 的生成子图是一棵树，则称这棵树为图 G 的**生成树**.

例 14　找出图 4 - 22 的一棵生成树.

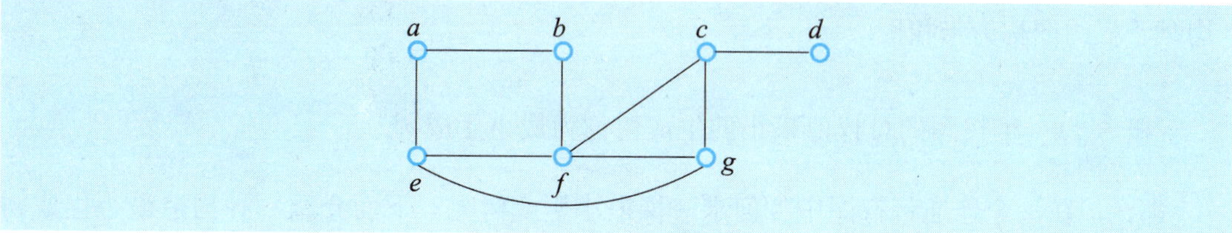

图 4 - 22　例 14 示意图

解　因为树中是不能含有回路的，所以要找到图的一棵生成树，就必须把图中的所有回路消除掉，可以通过删除一条回路中的边来消除这条回路并且保持图的连通. 在图 4 - 22 中，首先，边 *ae* 是回路 *aefb* 的一条边，可以删除这条边来消除回路 *aefb*，如图 4 - 23（a）所示. 其次，删除边 *ef*，消除回路 *efge*，如图 4 - 23（b）所示. 最后，删除边 *cg*，消除回路 *cgfc*，如图 4 - 23（c）所示. 至此，图中不再包含回路，这样就得到了图 4 - 22的一棵生成树.

在消除回路的过程中，只要确保图是连通的，就可以删除掉回路中的任意一条边，故一个图的生成树不唯一. 例如，图 4 - 24 所示的两棵树都是图 4 - 22 的生成树.

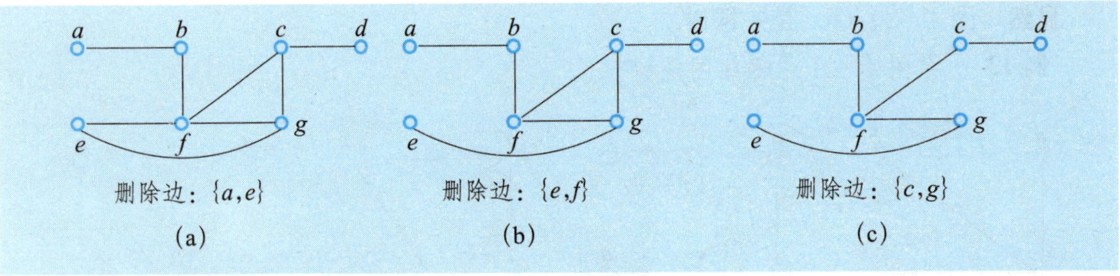

图 4－23　删除边

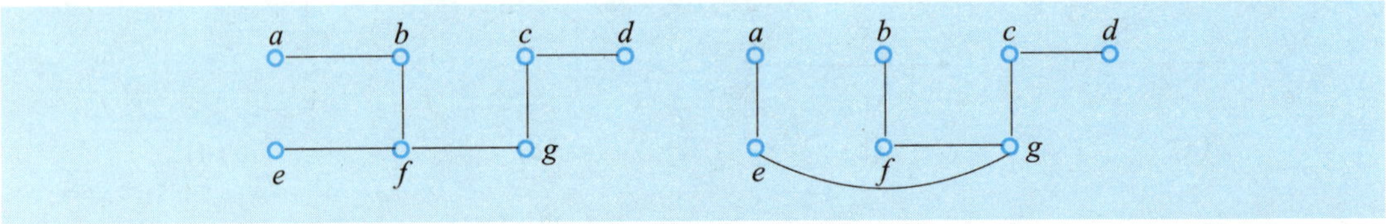

图 4－24　生成树示例

事实上，例 14 阐述了一种寻找图的生成树的一般方法，即**破圈法**．具体做法如下：

（1）在图中找到一条回路，并把该回路中的某一条边删掉，使它不再构成回路.

（2）重复步骤（1），直到恰好把图中所有回路都消除.

在实际应用中，有大量的问题需要求连通带权图的一棵生成树，使这棵生成树的各条边上的权值之和最小.

概念 10　对图 G 的每一条边 e 赋予一个实数，记为 $w(e)$，称为边 e 的**权**，而每条边均赋予权的图称为**带权图**.

概念 11　带权图的总权值最小的生成树称为**最小生成树**.

那么，在一个连通带权图中如何求一棵最小生成树呢？下面介绍一种构造最小生成树的算法——**克鲁斯特尔算法**.

克鲁斯特尔算法的具体实施步骤为：

（1）去掉图中的所有边，将图置于只有 n 个顶点的初始状态，并将图中的边按其权值由小到大进行排序.

（2）选取权值最小的边，若将该边加入图中，不与已选取的边构成回路，则将此边加入图中，否则舍去此边而选取下一条权值最小的边，以此类推，直到构成一棵树.

例 15　某公司计划通过租用电话线来建立一个通信网络，以便连接 A、B、C、D、$E$5 个计算机中心．但是每两个计算机中心之间的电话线租用费用不相同，如图 4－25 所示．该公司应当建立哪些连接，以保证每个计算机中心都在这个通信网络中，并且使得构建网络的总成本最低？

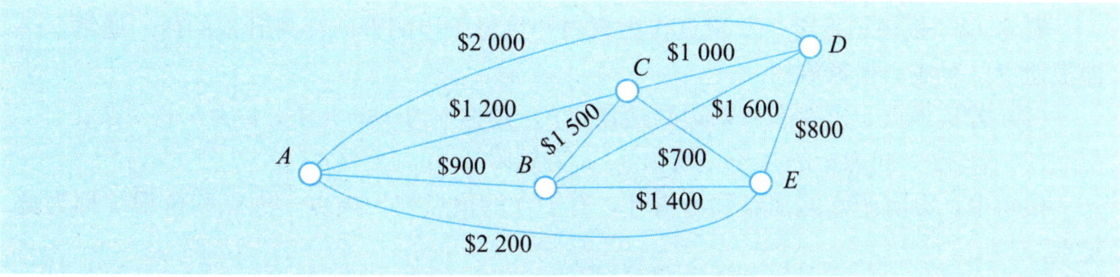

图 4－25　电话线租赁费用图

解　要使得构建网络的总成本最低，实际上就是要找到一棵最小生成树. 利用克鲁斯特尔算法寻找最小生成树.

第一步：去掉图中的所有边，如图 4－26（a）所示.

第二步：选择权值最小的边 *CE* 添加到图中，如图 4－26（b）所示.

第三步：在剩下的边中，依次选取权值为 800 的边 *DE* 和权值为 900 的边 *AB* 添加到图中，如图 4－26（c）所示.

第四步：在剩下的边中，选取权值最小的边 *CD*，但是如果选择 *CD* 的话，在图中就会形成回路，故舍弃边 *CD*. 在剩下的边中，选择权值最小的边 *AC*.

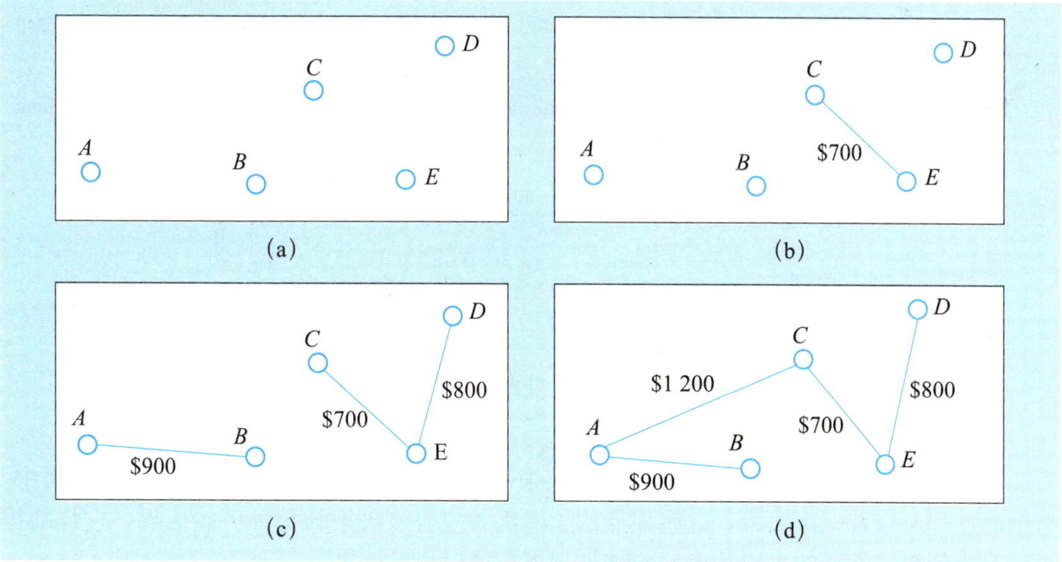

图 4－26　克鲁斯特尔算法构造生成树

此时，所有顶点都已经连接在图中，图 4－26（d）就是我们要找的最小生成树. 与之相对应，连接 5 个计算机中心的网络总成本为 700＋800＋900＋1 200＝3 600 元.

在树的许多应用里，需要指定树的一个特殊顶点作为树根，一旦规定了根，就可以给每条边指定方向. 树与它的根一起产生一个有向图，称为根树.

概念 12 **根树**是指定一个顶点作为树根并且每条边的方向都离开根的树．通常，一棵根树可以看成一棵**家族树**．

（1）若从顶点 a 出发有一条边到达顶点 b，则称 b 为 a 的儿子，a 为 b 的父亲；

（2）若 b、c 同为 a 的儿子，则称 b、c 为兄弟．

根树中，没有子女的顶点称为**树叶**，有子女的顶点称为**内点**，内点和树根统称为**分支点**．

例 16（**计算机文件系统图**）计算机存储器中的文件可以组织成目录，目录可以包含文件和子目录，根目录包含整个文件系统．因此，文件系统可以表示成根树，其中树根表示根目录，内点表示文件或空目录．图 4－27（a）表示了一个这样的文件系统，在该系统中，文件 khr 属于目录 rje．

在根树中，有向边的方向均一致向下，故可省略掉其方向，如图 4－27 中可用图（b）代替图（a）．

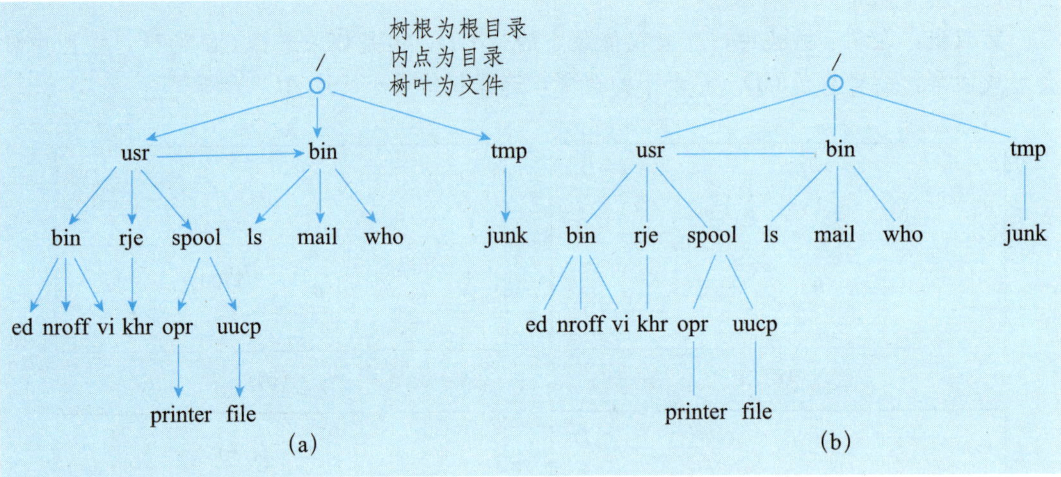

图 4－27　一个计算机文件系统图

下面介绍一类特殊的树——**决策树**．

根树可以用来为决策问题建立模型，其中一系列决策将生成一个解．在这种根树中，每个内点都对应着一次决策，这些顶点的子树都对应着该决策的每种可能后果，这样的根树称为**决策树**．问题的可能的解对应着这棵根树通向树叶的路．

例 17 假定有重量相同的 7 枚硬币和重量较轻的 1 枚伪币．为了用一架天平确定这 8 枚硬币中哪个是伪币，需要称重多少次？

解 在天平上每次称重结果只有 3 种可能性，分别是：两个托盘有相同的重量、第一个托盘较重或第二个托盘较重．所以，称重序列的决策树是一棵 3 元树．在决策树里至少有 8 片树叶，这是因为有 8 种可能的后果（因为每枚硬币都可能是较轻的伪币），而每种可能的后果必须至少用一片树叶来表示．接下来，我们建立如图 4－28 所示的决策树．

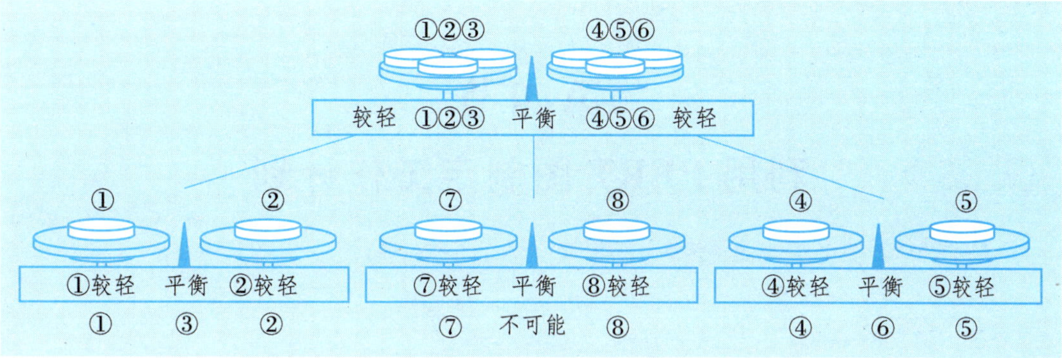

图 4－28　找出伪币的决策树

从图 4－28 中，我们可以很容易发现，用两次称重就可以确定哪枚硬币是伪币．

例 18　有三个数 a、b、c，如何建立决策树来给这三个数按从大到小排序？

解　两个数 a、b 比较大小只有两种可能的情况：a 大或者 b 大．也就是说，每次决策都会出现两种可能的情况，因此，我们可以建立如图 4－29 所示的决策树．

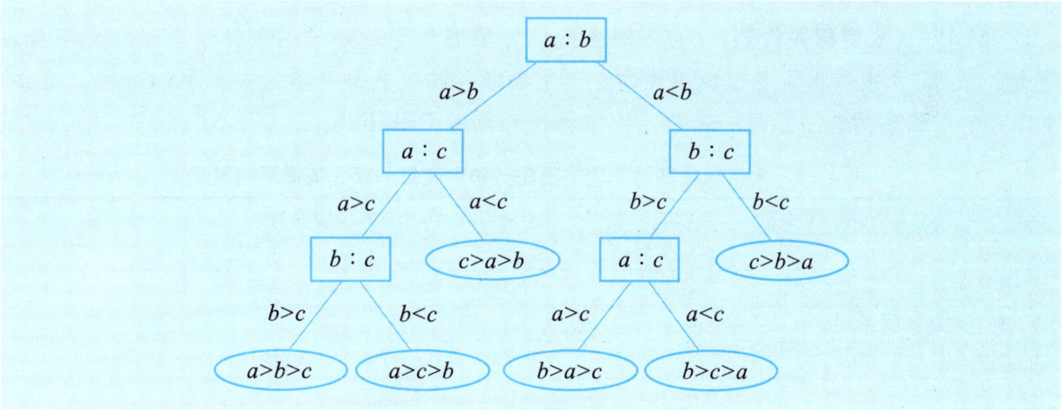

图 4－29　三个不同元素排序的决策树

从图 4－29 中，我们可以看到 a、b、c 三个数排序的六种可能的排序结果．在决策过程中，最好的情况是只需要做两次决策就能给这三个数排序，最坏的情况是需要做三次决策才能给这三个数排序．

第四节 利用 PERT 图制定工作计划

PERT（Program Evaluation and Review Technique）图也称“计划评审技术”，它通过建立有向图模型来描述一个项目的任务网络，不仅可以表达子任务的计划安排，还可以在任务计划执行过程中估计任务完成的情况，分析某些任务的完成情况对全局的影响，找出影响全局的区域和关键任务，以便及时采取措施，确保整个项目的完成. 下面通过实例来说明如何构建一个项目的 PERT 图.

例 19 **（太空移民计划）** 美国国会授权科学委员会制定了一个计划来建立太空居住基地. 表 4-3 中列出了要完成工程的十项主要任务和完成每一项任务需要的时间，表 4-4 中列出了任务的先后顺序. 请构建太空移民计划的 PERT 图.

表 4-3　太空居住基地十项主要任务和完成每一项任务需要的时间

任务	需要时间/月
1. 训练构建工人	6
2. 建造外壳	8
3. 建立生命维持系统	14
4. 招募移民	12
5. 装配外壳	10
6. 训练移民	10
7. 安装生命维持系统	4
8. 安装太阳能系统	3
9. 测试生命维持系统和能量系统	4
10. 将移民送入目的地	4

表 4-4　十项任务完成的先后顺序

任务	先前任务
1. 训练构建工人	无
2. 建造外壳	无
3. 建立生命维持系统	无

续前表

任务	先前任务
4. 招募移民	无
5. 装配外壳	1，2
6. 训练移民	2，3，4
7. 安装生命维持系统	1，2，3，5
8. 安装太阳能系统	1，2，5
9. 测试生命维持系统和能量系统	1，2，3，5，7，8
10. 将移民送入目的地	1，2，3，4，5，6，7，8，9

解　我们将按如下步骤建立 PERT 图：

(1) 用顶点代表每一个任务，顶点中包含完成那个任务所需要的时间.

(2) 从顶点 X 向顶点 Y 画有向边，表示顶点 X 所代表的任务必须在顶点 Y 所代表的任务之前完成. 根据表 4-3、表 4-4 中的数据，我们可以建立如图 4-30 所示的太空移民计划的 PERT 图. 结合图 4-30，可以很容易看出各个任务所需要的时间和完成任务的先后顺序. 例如，训练构建工人任务必须在装配外壳任务之前完成，安装生命维持系统任务必须在建立生命维持系统之后，等等.

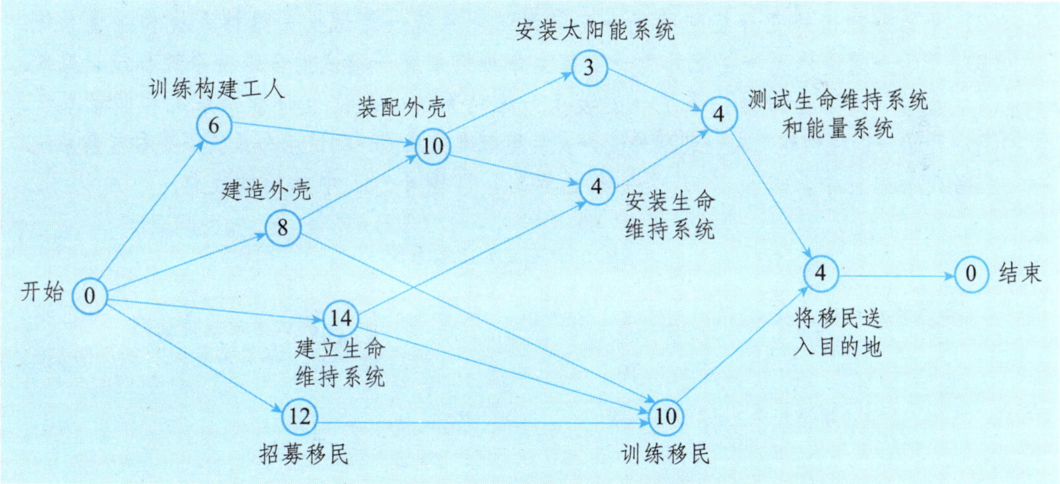

图 4-30　太空移民计划的 PERT 图

仅仅画出一个项目的 PERT 图还不够，我们还要能够利用 PERT 图来制定工作计划以及对项目的各个子任务进行分析等.

例 20　继续例 19，作为委员会成员，他们希望知道在空间基地中训练移民的最早时间.

解　根据图 4-30，我们很容易看到从开始到训练移民的路径一共有 3 条，分别是：

(1) 开始→招募移民→训练移民.

(2) 开始→建造外壳→训练移民.

(3) 开始→建立生命维持系统→训练移民.

通过图 4-30 中顶点的数据，我们知道在训练移民之前的 3 条路径需花费的时间分别是 12

个月、8个月和14个月，路径（3）需花费的时间最长. 根据任务的先后顺序，建立生命维持系统必须在训练移民之前完成，所以，必须在工程的第15个月才能开始训练移民.

我们可以像例20一样为其他任务安排时刻表. 为简化讨论，首先介绍如下概念.

概念13 假设T是PERT图中的一个任务，考虑从开始到T的所有有向路径，计算出每一条路径所需要的时间，则需要最长时间完成的路径称为**临界路**.

例如，例20中的路径（3）就是一条临界路.

那么，在PERT图中，如何为一项任务T安排开始时间呢？事实上，我们可以按如下步骤去做：

（1）列出从开始到任务T的所有路径，并找出任务T的临界路.

（2）用临界路的时间减去任务T所需要的时间，就可以得到安排任务T之前所容许的时间.

例21 继续例19，试安排太空移民计划各项任务开始时刻表.

解 根据图4-30，找出从开始到测试生命维持系统和能量系统的所有路径：

（1）开始→训练构建工人→装配外壳→安装太阳能系统→测试生命维持系统和能量系统.

（2）开始→建造外壳→装配外壳→安装太阳能系统→测试生命维持系统和能量系统.

（3）开始→建造外壳→装配外壳→安装生命维持系统→测试生命维持系统和能量系统.

（4）开始→建立生命维持系统→安装生命维持系统→测试生命维持系统和能量系统.

（5）开始→训练构建工人→装配外壳→安装生命维持系统→测试生命维持系统和能量系统.

上面5条路径中，路径（3）是一条临界路，即图4-31中加粗的线路.

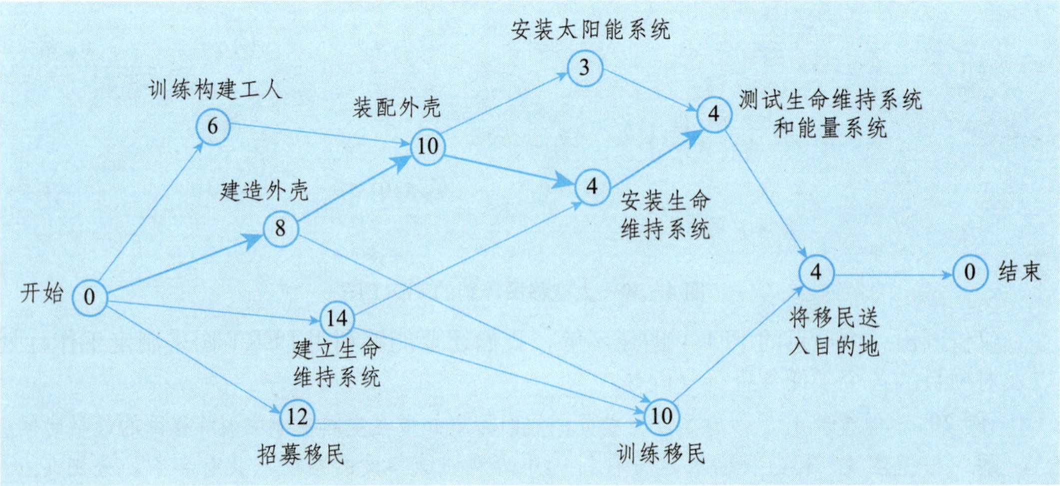

图4-31 测试生命维持系统和能量系统安排临界路

这条临界路需要22个月才能到达测试生命维持系统和能量系统，因此，测试生命维持系统和能量系统必须安排在第23个月开始. 以此类推，我们可以得到太空移民计划中各项任务开始的时刻表，见表 4－5.

表 4－5　太空居住基地任务时刻表

任务	开始时间/月
1. 训练构建工人	1
2. 建造外壳	1
3. 建立生命维持系统	1
4. 招募移民	1
5. 装配外壳	9
6. 训练移民	15
7. 安装生命维持系统	19
8. 安装太阳能系统	19
9. 测试生命维持系统和能量系统	23
10. 将移民送入目的地	27

例 22　**（运用 PERT 图组织一场音乐会）**　假设你负责组织一场音乐会来筹集善款援助在最近一次地震中的灾民．你的工作就是制定一项计划在最短的时间内完成这个项目．完成这个项目的各个任务所需时间及其任务间的关系见表 4－6.

表 4－6　音乐会项目任务表

任务	所需时间/周	先前任务
1. 得到市政许可	2	无
2. 得到当地代理商的基金	1	无
3. 讨论商人对广告的支持	4	无
4. 租用礼堂	3	1
5. 请演员	2	1，2，3
6. 打印节目单	1	1，2，3，4，5
7. 拍音乐会广告	2	1，2，3，4，5

解　首先根据表 4－6 构建音乐会项目的 PERT 图，如图 4－32 所示.

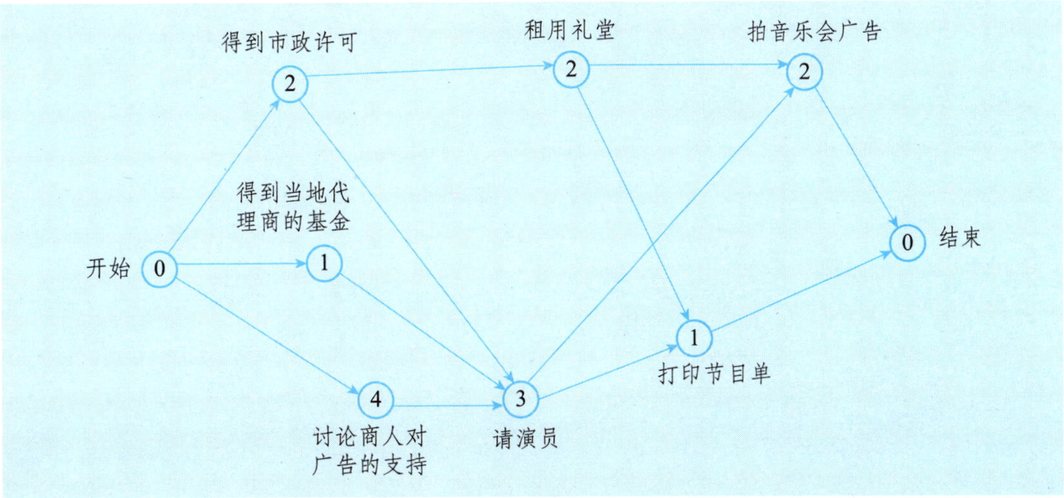

图 4－32　音乐会项目的 PERT 图

通过寻找从开始到各个子任务的临界路，我们可以得到音乐会项目的任务时刻表，见表 4－7. 同时，我们从图 4－32 中还可以发现，从开始到结束的临界路为“开始→讨论商人对广告的支持→请演员→拍音乐会广告→结束”，此临界路的时间总和为 9 周，这意味着整个音乐会项目最少需要 9 周才能全部完成.

表 4－7　音乐会项目任务开始时刻表

任务	开始时间/周
1. 得到市政许可	1
2. 得到当地代理商的基金	1
3. 讨论商人对广告的支持	1
4. 租用礼堂	3
5. 请演员	5
6. 打印节目单	8
7. 拍音乐会广告	8

实训四
利用标号法求无向连通图的最短路径

【实训目的】

◇ 建立图模型的方法及步骤；

◇ 掌握迪杰斯特拉算法（标号法）的基本思想及其应用.

【实训内容】

设 6 个城市 a、b、c、d、e、f 之间的公路网如图 4－33 所示，图中每条边均表示一条路，边上的权值表示该段公路的长（单位：百千米）. 现在有一批货物要从城市 a 运送到城市 f，已知运送货物的运费仅与路程的长短相关，那么应该选择哪一条货物运输路线使得运输费用最省?

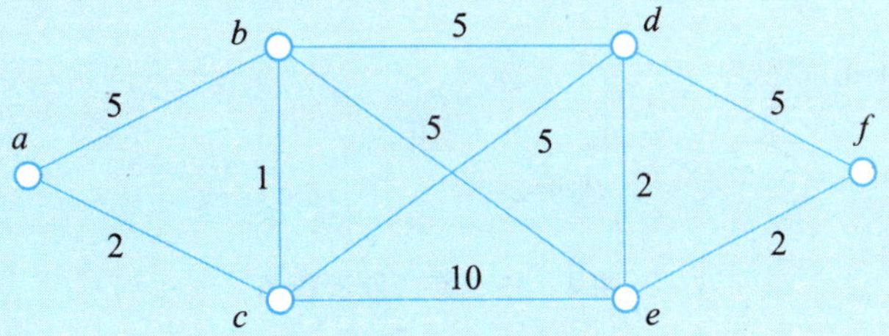

图 4－33 交通道路网

操作步骤

迪杰斯特拉算法又称标号法，其求解思路是：从始点出发，逐步顺序地向外探寻，每向外延伸一步都要求是从始点到该顶点的最短路径.

为方便起见，记 P 标号（永久性标号）表示从始点到该标号点的最短路权，T 标号（临时性标号）表示从始点到该标号点的最短路权上界.

第一步：首先，给顶点 a 记 P 标号，给其余所有点记 T 标号，即

$$P(a)=0,\ T(b)=T(c)=T(d)=T(e)=T(f)=+\infty$$

如图 4－34 所示：

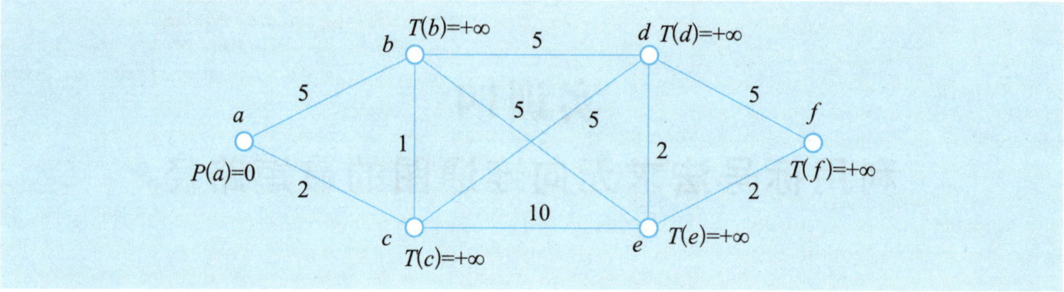

图 4－34　第一步示意图

第二步：从 a 点出发，可直达顶点 b、c，对应的两条路径的长度分别为：

$$T(b)=\min[T(b),P(a)+l_{ab}]=\min[+\infty,0+5]=5$$

$$T(c)=\min[T(c),P(a)+l_{ac}]=\min[+\infty,0+2]=2$$

因为每向外延伸一步都必须是最短的，所以在所有路径中选择最短的路径，即：

$$\min\{T(b),T(c),T(d),T(e),T(f)\}=\min\{5,2,+\infty,+\infty,+\infty\}=2=T(c)$$

即选择从 a 点出发到达 c 点，同时将顶点 c 的临时性标号修改为永久性标号 $P(c)=2$，下一出发点为顶点 c，如图 4－35 所示.

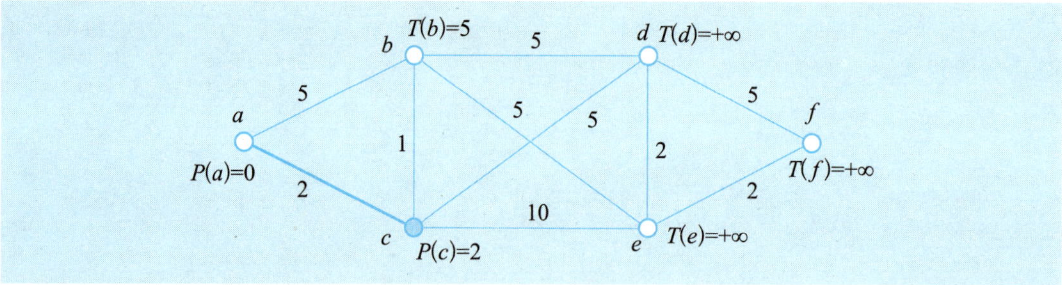

图 4－35　第二步示意图

第三步：同理，从顶点 c 可直达顶点 b、d、e，对应的三条路径长度分别为：

$$T(b)=\min[T(b),P(c)+l_{cb}]=\min[5,2+1]=3$$

$$T(d)=\min[T(d),P(c)+l_{cd}]=\min[+\infty,2+5]=7$$

$$T(e)=\min[T(e),P(c)+l_{ce}]=\min[+\infty,2+10]=12$$

在所有路径中选择最短的路径，即：

$$\min\{T(b),T(d),T(e),T(f)\}=\min\{3,7,12,+\infty\}=3=T(b)$$

因此，选择从 c 点出发到达 b 点，同时将顶点 b 的临时性标号修改为永久性标号 $P(b)=3$，如图 4－36 所示.

第四步：从顶点 b 可直达顶点 d、e，对应的两条路径的长度分别为：

$$T(d)=\min[T(d),P(b)+l_{bd}]=\min[7,3+5]=7$$

$T(e) = \min[T(e), P(b) + l_{be}] = \min[12, 3+5] = 8$

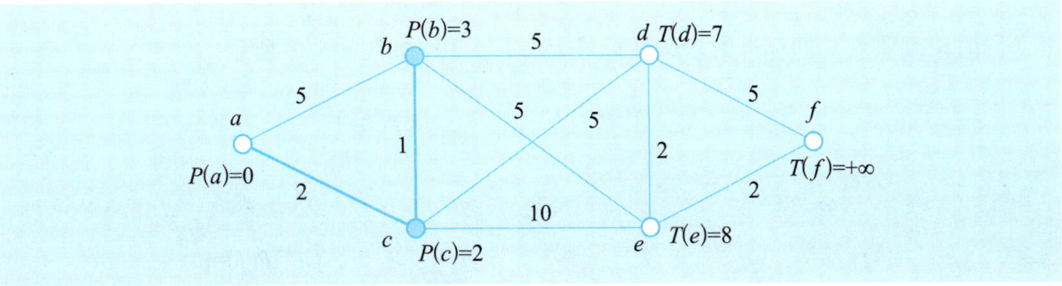

图 4-36　第三步示意图

在所有路径中选择最短的路径，即：

$\min\{T(d), T(e), T(f)\} = \min\{7, 8, +\infty\} = 7 = T(d)$

同时将顶点 d 的临时性标号修改为永久性标号 $P(d) = 7$，如图 4-37 所示.

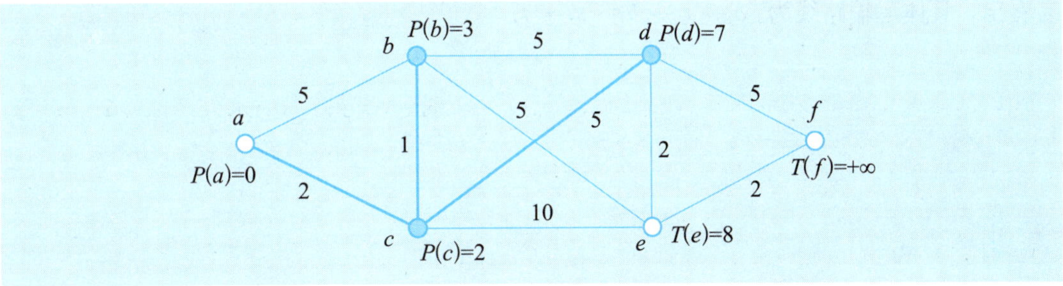

图 4-37　第四步示意图

第五步：同理，从顶点 d 出发可直达顶点 e、f，对应的两条路径的长度分别为：

$T(e) = \min[T(e), P(d) + l_{de}] = \min[8, 7+2] = 8$

$T(f) = \min[T(f), P(d) + l_{df}] = \min[+\infty, 7+5] = 12$

取最短路径为：

$\min[T(e), T(f)] = \min[8, 12] = 8 = T(e)$

同时修改顶点 e 的标号为永久性标号 $P(e) = 8$，如图 4-38 所示.

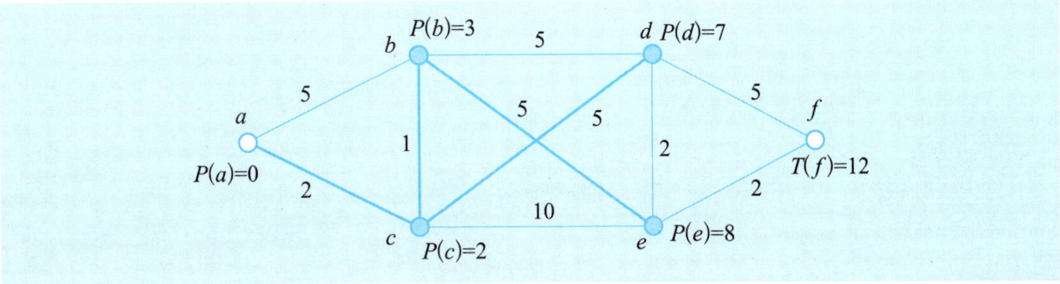

图 4-38　第五步示意图

第六步：从顶点 e 只能直达顶点 f，其路径长度为：

$$T(f)=\min[T(f),P(e)+l_{ef}]=\min[12,8+2]=10$$

同时修改顶点 f 的标号为永久性标号 $P(f)=10$，如图 4-39 所示.

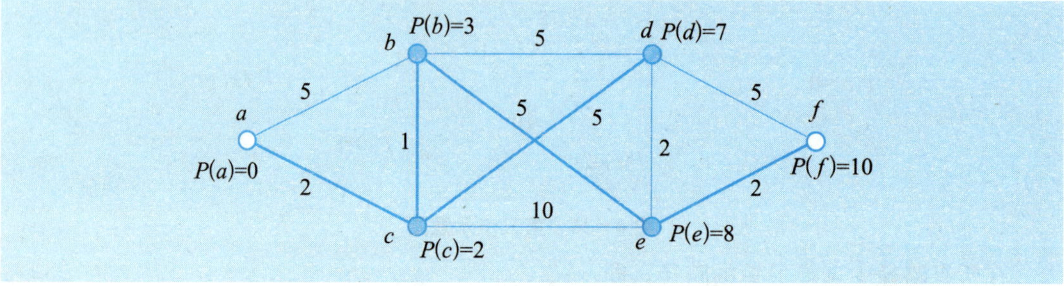

图 4-39　第六步示意图

至此，我们找到了从城市 a 到城市 f 的最短路径长度为 1 000 千米，从图 4-39 很容易看出，具体运输路线为：$a\to c\to b\to e\to f$.

练习四

1. 请画出表示航空公司航线的图模型，并说出图的类型. 其中，每天有 4 个航班从成都到北京，2 个航班从北京到新疆，3 个航班从北京到上海，2 个航班从上海到北京，1 个航班从北京到郑州，2 个航班从郑州到北京，3 个航班从北京到广州，2 个航班从广州到北京，1 个航班从广州到上海.

2. 某有向图如图 4－40 所示. 求图中长度为 4 的通路的总数，并指出其中有多少条回路，又有几条是从 C 到 D 的.

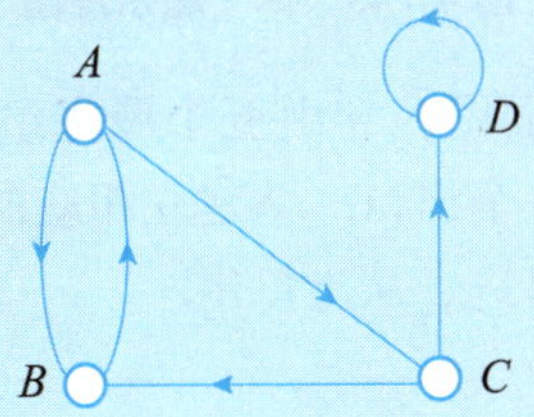

图 4－40　第 2 题示意图

3. 求所给无向图 4－41 的顶点数、边数以及每个顶点的度数.

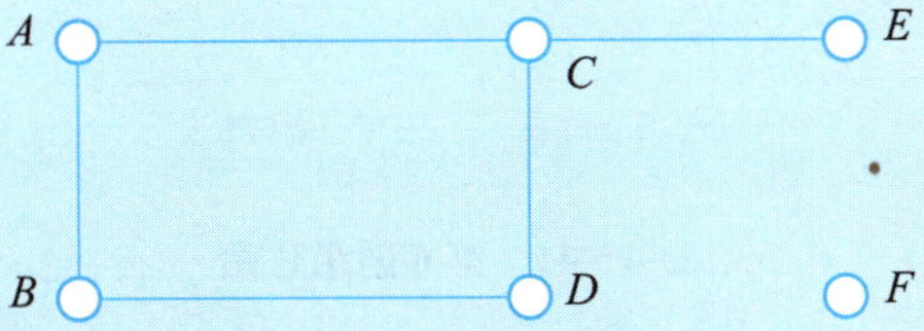

图 4－41　第 3 题示意图

4. 请判断图 4－42 是否连通. 列出它的每个顶点的度数，并说明每个顶点是奇顶点还是偶顶点，图中是否存在桥.

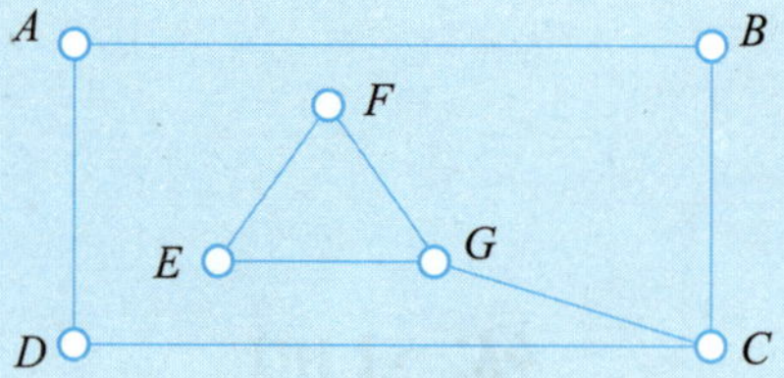

图 4－42　第 4 题示意图

5. 图 4－43 是某地区所有街道的平面图．甲、乙二人同时分别从 A、B 出发，以相同的速度走遍所有的街道，最后到达 C．如果允许两人在遵守规则的条件下可以选择最短路径的话，问两人谁能最先到达 C？

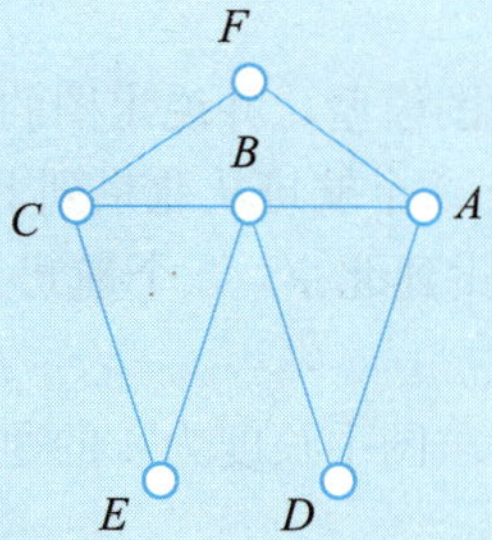

图 4－43　第 5 题示意图

6. 图 4－44 是某展览厅的平面图，它由五个展室组成，任意两个展室之间都有门相通，整个展览厅还有一个入口和一个出口．请建立相应的图模型，并说明游人能否一次不重复地穿过所有的门，并且从入口进、从出口出．

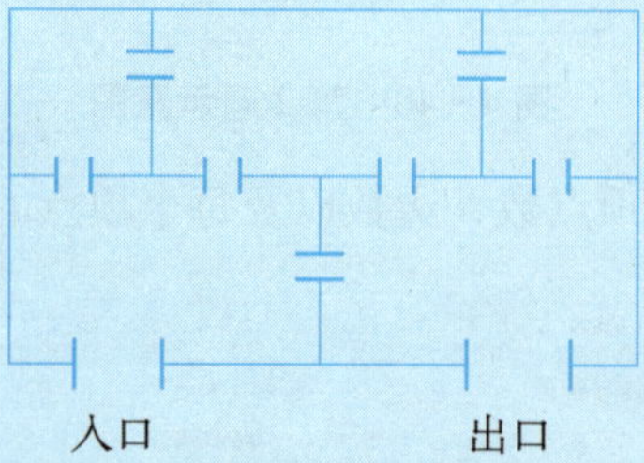

图 4－44　第 6 题示意图

7. 试构造一个欧拉图，其顶点数 v 和边数 e 满足下列条件：(1) v、e 的奇偶性一样；(2) v、e 的奇偶性相反．如果不能构造，请说明原因．

8. 判断图 4－45 中的两个图是否存在欧拉回路．若存在欧拉回路，请利用弗罗莱算法找到一条这样的回路．如果不存在欧拉回路，请确定这个图是否存在欧拉路，若存在，请找出一条欧拉路.

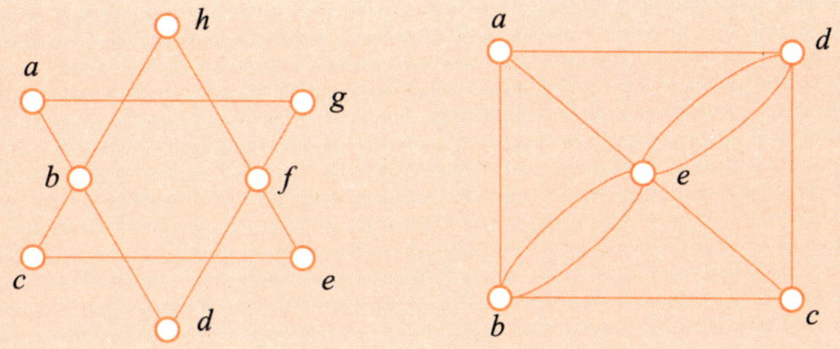

图 4-45　第 8 题示意图

9. 某次会议有 20 人参加，其中每人都至少有 10 个朋友，这 20 人围成一圆桌入席，要想使每人相邻的两位都是朋友是否可能？为什么？

10. 图 4-46 中每个小正方形的边长都是 200 米. 小明沿线段从 A 点到 B 点，不许走重复路，他最多能走多少米？

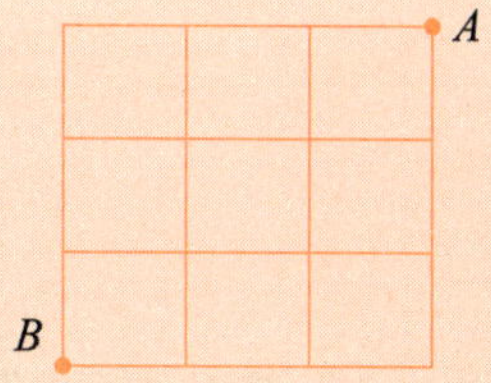

图 4-46　第 10 题示意图

11. 一只木箱的长、宽、高分别为 5 厘米、4 厘米、3 厘米（见图 4-47），有一只甲虫从 A 点出发，沿棱爬行，每条棱不允许重复，则甲虫回到 A 点时，最多能爬行多少厘米？

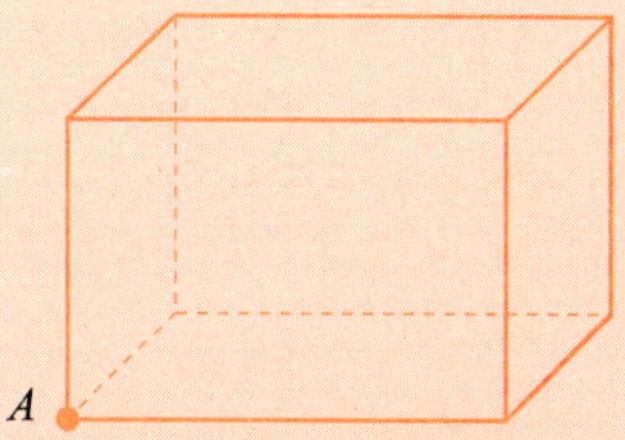

图 4-47　第 11 题示意图

12. 图 4-48 里的带权图说明了某省的一些主要道路上的城市之间的道路通行费.

(1) 请利用这些道路，求出城市 A 到城市 E 通行费用最便宜的路线.

(2) 请利用这些道路，求出成对城市之间的总通行费用最便宜的路线.

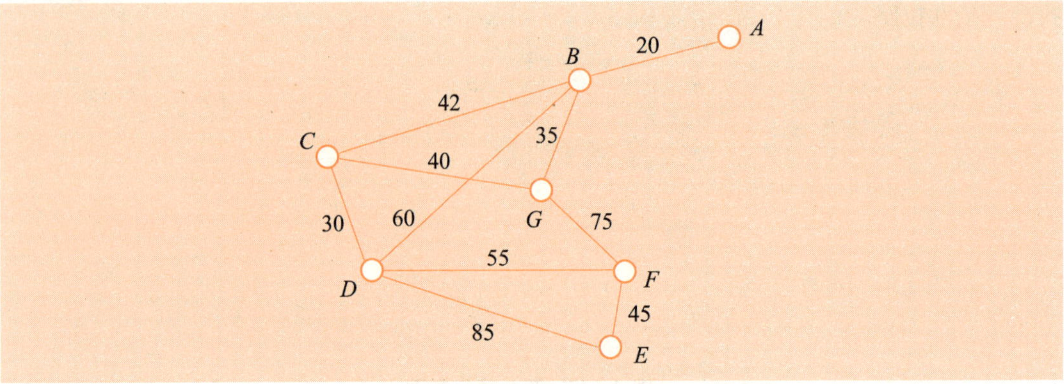

图4-48　第12题示意图

13. 请利用破圈法找出无向图4-49中的一棵生成树.

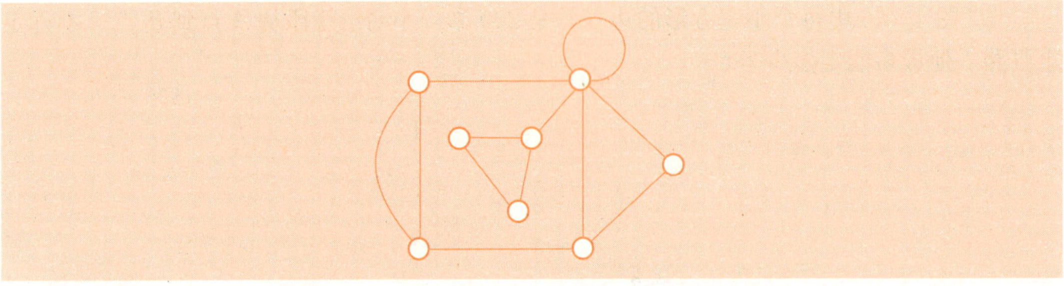

图4-49　第13题示意图

14. 请利用克鲁斯特尔算法，找出图4-48中的一棵最小生成树.

15. 假定有6个人参加象棋巡回赛. 若一个选手输掉一盘比赛就遭到淘汰，而且比赛进行到只有一位参赛者还没有输为止. 请建立树模型，确定为了决出冠军必须下多少盘棋（假定没有平局）.

16. 假定某公交车公司的公交线路如图4-50所示，为了节省资金，必须压缩公交线路，则可以中断哪些线路以保持在所有顶点对之间的服务（其中从一个顶点到另一个顶点可能需要换乘）？

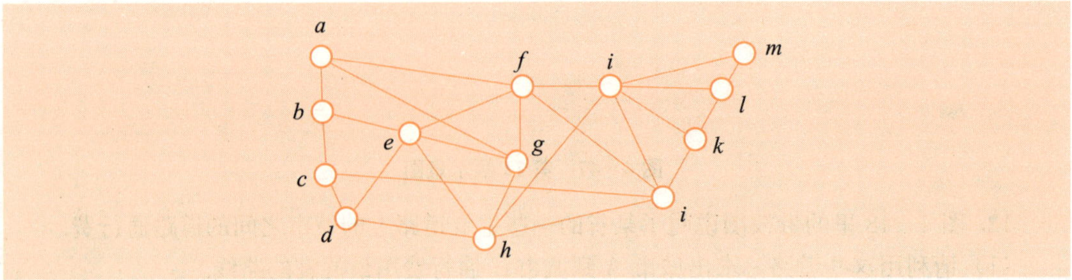

图4-50　第16题示意图

17. 用标号法求图 4－51 中从 v_1 到 v_6 的最短路.

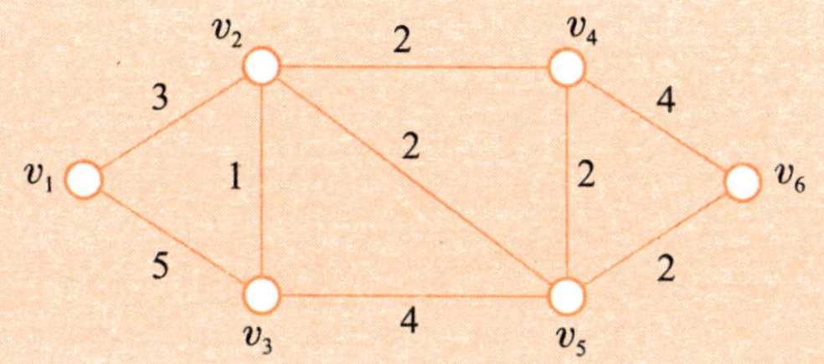

图 4－51　第 17 题示意图

18. 城市 A 到城市 B 的交通道路如图 4－52 所示，线上标注的数字为两点间距离（单位：万米）. 某公司现需要从 A 市紧急运送一批货物到 B 市，假设各条线路的交通状况相同，请为该公司寻求一条最佳路线.

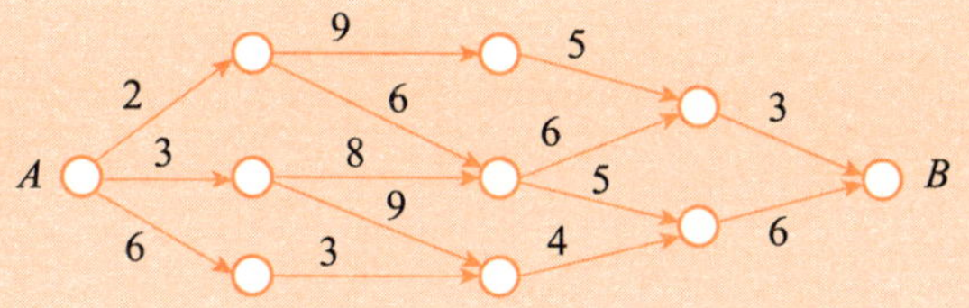

图 4－52　第 18 题示意图

19. 某企业使用一台设备，每年年初，企业都要做出决定：如果继续使用旧的，则要付维修费；如果购买一台新设备，则要付购买费. 已知设备在每年年初的购买费分别为 11、11、12、12、13，使用不同时间设备所需的维修费分别为 5、6、8、11、18. 请制定一个 5 年更新计划，使得总支出最少.

第五章

最优化问题

在日常生活、经济管理和科学研究等领域，人们经常会遇到一类决策问题：在一系列客观或主观限制条件下，寻求使所关注的指标达到最优（最大或最小）的决策．例如：资源分配要在有限资源约束下，制定最优分配方案，使资源产生的总效益最大；生产计划要按照产品生产流程和市场需求，制定原料、零件和部件的最佳订购时间点，尽量降低生产成本使利润最高；运输方案要在满足物资需求和装载条件下，安排从各供应点到需求点的最优路线和运量，使运输总费用最低等．上述几类决策问题通常称为最优化问题（简称为优化问题）．本章将简单介绍优化问题的数学模型、单变量和多变量优化问题的建模与求解等知识，为我们以后的工作和生活提供基本的优化思想．

第一节 优化问题的数学模型

一、几个例子

最值问题是数学的重要内容之一，涉及的知识点包括函数的极值与最值、线性规划等，它们都属于优化问题的范畴．下面通过几个案例，对优化问题的数学模型及其特征进行简要描述．

例 1 设某产品的总成本（单位：元）函数为 $C(x)=0.25x^2+15x+1\,600$（x 为产品的产量，单位：千克）．求：当产量为多少时，该产品的平均成本最低？最低平均成本是多少？

解 该问题的目标是平均成本最低，设平均成本为 $\overline{C}(x)$，则

$$\overline{C}(x)=0.25x+15+\frac{1\,600}{x}$$

于是，建立该问题的数学模型如下：

$$\text{目标函数}\ \min\ \overline{C}(x)=0.25x+15+\frac{1\,600}{x}$$

利用导数理论，可求得 $x=80$ 千克时，平均成本最低，最低平均成本为 55 元/千克．

例 2 给定一条 1 米长的铁丝，要求将其弯成一个矩形，使得该矩形的面积最大．

解 该问题的目标是矩形面积最大，约束条件是矩形周长为 1 米．设矩形的长和宽分别为 x_1 和 x_2，于是，建立该问题的数学模型如下：

$$\text{目标函数}\ \max\ S=x_1\cdot x_2$$

$$\text{约束条件 s.t.}\begin{cases}2x_1+2x_2=1\\ x_1>0,\ x_2>0\end{cases}$$

其中，“s.t.”为 subject to 的缩写，意即“满足于”或“受限于”．

借助 Excel 的“规划求解”工具，易求得 $x_1=x_2=0.25$ 米时，矩形面积最大，最大面积为 0.062 5 米^2．

例 3 某企业在计划期内要安排Ⅰ、Ⅱ两种产品的生产，已知每生产 100 千克产品

所需的设备A及原材料B、C的消耗见表5-1.

表5-1　生产设备和原材料消耗表

	产品Ⅰ	产品Ⅱ	日允许消耗量
设备A	1	2	8（台时）
原材料B	3	0	12（100千克）
原材料C	0	5	15（100千克）

已知每生产100千克的产品Ⅰ可获利2万元，每生产100千克的产品Ⅱ可获利5万元．问：怎样安排生产，才能使每天获得的利润最大？

解　该问题的目标是每天的利润最大，约束条件是每天可供使用的设备台时和原材料B、C的日供应量．设Ⅰ、Ⅱ两种产品的日产量分别为x_1、x_2（单位：100千克），则每天的利润可表示为

$$z=2x_1+5x_2$$

由于设备A每天可供使用的台时不能超过8台时，而生产x_1单位产品Ⅰ需要x_1台时，生产x_2单位产品Ⅱ需要$2x_2$台时，故有

$$x_1+2x_2\leqslant 8$$

同理，因受原材料B、C的限制，可以得到以下两个不等式：

$$3x_1\leqslant 12$$

$$5x_2\leqslant 15$$

此外，根据问题的实际意义，x_1、x_2应该取非负数．

综上所述，建立生产计划问题的数学模型为：

目标函数 $\max z=2x_1+5x_2$

$$\text{约束条件 s.t.}\begin{cases}x_1+2x_2\leqslant 8\\3x_1\leqslant 12\\5x_2\leqslant 15\\x_1\geqslant 0,\ x_2\geqslant 0\end{cases}$$

通过图解法或者借助Excel的“规划求解”工具，可得最优解为$x_1=2$，$x_2=3$，最优值为19．即每天生产产品Ⅰ200千克、产品Ⅱ300千克，获利最大．

例4　某机械厂需要长80厘米的钢管800根、长60厘米的钢管200根，这两种不同长度的钢管由长200厘米的钢管截得．问：工厂该如何下料，使得用料最省？

解　对于该问题，首先必须找到可行的下料方式．由1根长200厘米的钢管截得80厘米与60厘米两种型号的钢管，共有三种截取方法．

第一种下料方式：一根长200厘米的钢管截得长80厘米的钢管2根．

第二种下料方式：一根长200厘米的钢管截得长80厘米的钢管1根、长60厘米的钢管2根．

第三种下料方式：一根长200厘米的钢管截得长60厘米的钢管3根．

设三种下料方式分别用掉长 200 厘米的钢管 x_1、x_2、x_3 根，则用掉的总钢管数量为

$$z = x_1 + x_2 + x_3$$

对于所需长 80 厘米的钢管：第一种下料方式截得 $2x_1$ 根，第二种下料方式截得 x_2 根，两种方式共截得 $2x_1 + x_2$ 根，它不能少于所需数量 800 根，即 $2x_1 + x_2 \geqslant 800$.

对于所需长 60 厘米的钢管：第二种下料方式截得 $2x_2$ 根，第三种下料方式截得 $3x_3$ 根，两种方式共截得 $2x_2 + 3x_3$ 根，它不能少于所需数量 200 根，即 $2x_2 + 3x_3 \geqslant 200$.

又考虑到 x_1、x_2、x_3 表示钢管的根数，因而它们的取值只能是正整数或零.

综上所述，得钢管下料问题的数学规划模型为：

$$\text{目标函数 } \min z = x_1 + x_2 + x_3$$

$$\text{约束条件 s.t.} \begin{cases} 2x_1 + x_2 \geqslant 800 \\ 2x_2 + 3x_3 \geqslant 200 \\ x_i \text{ 为非负整数}(i = 1,2,3) \end{cases}$$

借助 Excel 的“规划求解”工具，可得最优解为 $x_1 = 350$，$x_2 = 100$，$x_3 = 0$，即最少需要 450 根长 200 厘米的钢管.

二、优化问题的数学模型

1. 优化问题数学模型的三要素

上述四个例子代表了几种不同类型的优化问题. 总结这些例子不难发现，优化问题的数学模型一般包含三个要素：决策变量、目标函数和约束条件.

（1）决策变量。一个优化问题一般伴随着一个优化方案，该方案用一组参数的最优组合来表示，这些参数可概括地划分为两类：一类是可以根据客观规律、具体条件、已有数据等预先给定的参数，称为常量；另一类是在优化过程中经过逐步调整、最后达到最优值的参数，称为决策变量（简称变量）. 例如：例 1 的产品产量 x 、例 2 的矩形长与宽 (x_1, x_2) 、例 3 的生产计划 (x_1, x_2) 和例 4 的下料方案 (x_1, x_2, x_3) 都是决策变量，决策变量一般表示为 $(x_1, x_2, \cdots, x_n)$. 优化问题的目的就是使各决策变量达到最优组合. 当决策变量为连续量时，称为连续变量，如例 1～例 3 的决策变量；若决策变量只能在离散量中取值，称为离散变量，如例 4 的决策变量.

（2）目标函数。目标函数是指问题要达到的目的要求，表示为决策变量的函数，其值的大小可以用来评价优化方案的好坏. 目标函数可能是求最小值，如例 1、例 4；也可能是求最大值，如例 2、例 3. 目标函数一般可表示为

$$\max(\min)\ z = f(x_1, x_2, \cdots, x_n)$$

如果优化问题只有一个目标函数，则称为单目标函数；如果优化问题同时追求多个目标，则该问题的目标函数称为多目标函数.

（3）约束条件。变量间应该遵循的限制条件的数学表达式称为约束条件或约束函数. 约束条件按照表达式可分为等式约束（如例 2）和不等式约束（如例 3 和例 4）.

约束条件一般可表示为：

不等式约束：$g(x_1,x_2,\cdots,x_n)\leqslant 0$（或$\geqslant 0$）

等式约束：$h(x_1,x_2,\cdots,x_n)=0$

其中，不带约束条件的优化问题称为无约束最优化问题，如例1；带约束条件的优化问题称为约束最优化问题．

2. 优化问题数学模型的表示形式

综上所述，本章将要讨论的优化问题的数学模型可表示如下：

$$\max(\min)\ z=f(x_1,x_2,\cdots,x_n)$$

$$\text{s.t.}\begin{cases}h_1(x_1,x_2,\cdots,x_n)=0\\ \cdots\cdots\\ h_m(x_1,x_2,\cdots,x_n)=0\\ g_1(x_1,x_2,\cdots,x_n)\leqslant(\text{或}\geqslant)0\\ \cdots\cdots\\ g_l(x_1,x_2,\cdots,x_n)\leqslant(\text{或}\geqslant)0\end{cases}\tag{5.1}$$

对于优化问题（5.1），满足所有约束条件的解$(x_1,x_2,\cdots,x_n)$称为**可行解**，可行解的集合称为**可行域**．求解优化问题（5.1），就是从可行域中找到一个解$(x_1^*,x_2^*,\cdots,x_n^*)$，使目标函数取得最大值（或最小值），这样的解$(x_1^*,x_2^*,\cdots,x_n^*)$称为**最优解**，相应的目标函数值称为**最优值**．

3. 优化问题数学模型的基本类型

优化模型可以从不同的角度进行分类．根据决策变量的数量，可以分为单变量优化问题和多变量优化问题，如例1属于单变量优化问题，例2～例4都属于多变量优化问题；根据有无约束条件，可以分为无约束优化问题和有约束优化问题，如例1属于无约束优化问题，例2～例4都属于有约束优化问题；根据决策变量在目标函数与约束条件中最高次项的次数是否大于1，可以分为线性规划问题和非线性规划问题，如例3、例4属于线性规划问题，例1、例2属于非线性规划问题；根据决策变量是否要求取整数，可以分为整数规划问题和连续优化问题，如例1～例3属于连续优化问题，例4属于整数规划问题．

第二节
单变量优化问题

一、无约束单变量优化问题

我们知道，闭区间上的连续函数一定存在最大值和最小值，统称为最值．显然，最值只能在极值点或区间端点取得，而极值点的所有可能点只能是函数的驻点（使函数的导数为零的点）和函数导数不存在的点．因此，求函数的最值时只需考虑这三类点的函数值．这样，我们得到了求连续函数 $f(x)$ 在闭区间 $[a,b]$ 内最大值（或最小值）的一般步骤：

(1) 求函数 $f(x)$ 的导数 $f'(x)$；

(2) 求可能的最值点，即函数 $f(x)$ 在 $[a,b]$ 内的驻点、导数不存在点和端点，按从小到大记为 $a,x_1,x_2,\cdots,x_n,b$；

(3) 求最大值和最小值，即计算 $a,x_1,x_2,\cdots,x_n,b$ 的函数值 $f(a),f(x_1),f(x_2),\cdots,f(x_n),f(b)$，并比较大小．

例 5　求函数 $f(x)=x^3-3x^2-9x+2$ 在 $[-2,6]$ 内的最大值和最小值．

解　第一步，计算函数 $f(x)$ 的导数：

$$f'(x)=3x^2-6x-9=3(x+1)(x-3)$$

第二步，求可能的最值点．令 $f'(x)=0$，解得 $x_1=-1$，$x_2=3$，即所有可能的最值点为 $a=-2$，$x_1=-1$，$x_2=3$，$b=6$．

第三步，求最大值和最小值．计算各可能点的函数值 $f(-2)=0$，$f(-1)=7$，$f(3)=-25$，$f(6)=56$，比较大小，得函数的最大值为 $f(6)=56$，最小值为 $f(3)=-25$.

注意　求函数最值时，一定要找出函数在 $[a,b]$ 内的所有可能的最值点，尤其是不要漏掉使函数的导数不存在的点．

例 6　求函数 $f(x)=2-(x-1)^{\frac{2}{3}}$ 在 $[0,9]$ 内的最大值和最小值．

解　第一步，计算函数 $f(x)$ 的导数：

$$f'(x)=-\frac{2}{3}(x-1)^{-\frac{1}{3}}=\frac{-2}{3\sqrt[3]{x-1}}$$

第二步，求可能的最值点. 不存在使 $f'(x)=0$ 的点，但当 $x=1$ 时，$f'(x)$ 无意义，即 $x=1$ 是使函数导数不存在的点，从而得到所有可能的最值点为 $a=0$，$x=1$，$b=9$.

第三步，求最大值和最小值. 计算各可能点的函数值 $f(0)=1$，$f(1)=2$，$f(9)=-2$，比较大小，得函数的最大值为 $f(1)=2$，最小值为 $f(9)=-2$.

在解决实际的最值问题时，如果能根据问题的实际意义确定最大值或最小值存在，且 $f(x)$ 在 x 的取值范围内只有一个可能的最值点 x_0，则可以直接确定 x_0 即为最值点.

例 7　试求解本章第一节例 1，即求平均成本 $\overline{C}(x)=0.25x+15+\dfrac{1\,600}{x}$ 的最小值.

解　此时，$\overline{C}(x)$ 的定义域是 $(0,+\infty)$，不是闭区间，但是

$$\overline{C}'(x)=0.25-\frac{1\,600}{x^2}$$

令 $\overline{C}'(x)=0$，得 $x^*=80$，是唯一可能的最值点. 根据问题的实际意义，平均成本的最小值确实存在，因此，$x^*=80$ 即为最优解，平均成本的最小值为 55 元/千克.

例 8　某租户有 100 间房子出租，若每间租金定为 200 元能够全部租出去，但每间每增加 10 元租金就有一间租不出去，且每租出去一间，就需要增加 20 元管理费. 问：租金定为多少才能获得最大利润?

解　设出租的房价为每间 p 元，$p\geqslant 200$. 由题意得，租出的房间数为 $100-\dfrac{p-200}{10}$，每间租出的房子的管理费为 20 元，则出租的成本为

$$\begin{aligned}C(p)&=\text{租出的间数}\times\text{每间的管理费}\\&=\left(100-\frac{p-200}{10}\right)\times 20=2\,400-2p\end{aligned}$$

收入 R 满足

$$\begin{aligned}R(p)&=\text{出租的间数}\times\text{每间的价格}\\&=\left(100-\frac{p-200}{10}\right)\times p=120p-\frac{p^2}{10}\end{aligned}$$

利润 L 为

$$\begin{aligned}L(p)&=\text{收入}-\text{成本}\\&=120p-\frac{p^2}{10}-(2\,400-2p)\\&=122p-\frac{p^2}{10}-2\,400\end{aligned}$$

求导数，得

$$L'(p)=122-\frac{p}{5}$$

令 $L'(p)=0$，得唯一可能的最值点 $p=610$. 由于该实际问题确实存在最大值，因此利润函数在 $p=610$ 有最大值，即当每间房子的出租价格定为 610 元时，可获得最大利润.

二、限制条件下双变量优化问题

前面我们学习了单变量优化问题，接下来我们讨论在限制条件 $g(x,y)=0$ 下二元函数 $f(x,y)$ 的优化问题．事实上，如果能由限制条件 $g(x,y)=0$ 解得 y（将 y 写成 x 的函数），代入目标函数，则问题就转化为单变量优化问题．下面举例说明．

例 9　求函数 $f(x,y)=2x^2+y^2$ 在限制条件 $g(x,y)=x+y-1=0$ 下的最小值．

解　由 $x+y-1=0$ 得 $y=-x+1$，将之代入 $f(x,y)=2x^2+y^2$，得到单变量函数

$$h(x)=2x^2+(-x+1)^2=3x^2-2x+1$$

求导数，得

$$h'(x)=6x-2$$

令 $h'(x)=0$，得 $x^*=\frac{1}{3}$. 当 $x<\frac{1}{3}$ 时，$h'(x)<0$，函数 $h(x)$ 在区间 $\left(-\infty,\frac{1}{3}\right)$ 内单调递减，当 $x>\frac{1}{3}$ 时，$h'(x)>0$，函数 $h(x)$ 在区间 $\left(\frac{1}{3},\infty\right)$ 内单调递增，因此 $x^*=\frac{1}{3}$ 是 $h(x)$ 的最小值点，此时，$y=\frac{2}{3}$，$f\left(\frac{1}{3},\frac{2}{3}\right)=\frac{2}{3}$. 故 $f(x,y)$ 在限制条件 $g(x,y)=0$ 下的最小值为 $\frac{2}{3}$.

例 10　试求解本章第一节例 2，即在限制条件 $2x_1+2x_2=1$ 下求面积函数 $S(x_1,x_2)=x_1\cdot x_2$ 的最大值．

解　由 $2x_1+2x_2=1$ 得 $x_2=\frac{1}{2}-x_1$，将之代入 $S(x_1,x_2)=x_1\cdot x_2$，得到单变量函数

$$h(x_1)=x_1\left(\frac{1}{2}-x_1\right)=-x_1^2+\frac{1}{2}x_1,\ 0<x_1<\frac{1}{2}$$

求导数，得

$$h'(x_1)=-2x_1+\frac{1}{2}$$

令 $h'(x_1)=0$，得 $x_1^*=\frac{1}{4}$，是唯一可能的最值点．根据问题的实际意义，面积的最大值存在，因此，$x_1^*=\frac{1}{4}$ 即为最优解，此时，$x_2^*=\frac{1}{4}$，$S\left(\frac{1}{4},\frac{1}{4}\right)=\frac{1}{16}$，面积的最大值为 $\frac{1}{16}$.

例 9 和例 10 解题成功的关键在于通过限制条件 $g(x,y)=0$ 将 y 写成 x 的函数．但并非所有的问题都可以做到这样，有时候即使将 y 表示成 x 的函数，再将它代入目标函数得到单变量函数 $h(x)$，也会因为 $h(x)$ 太过复杂而难以找到最优解．这时，我们可以借助拉格朗日乘数法求解．

注意　以下内容为选学内容.

拉格朗日乘数法具体解题步骤如下：

(1) 令 $F(x,y,\lambda)=f(x,y)+\lambda g(x,y)$ 为拉格朗日函数，其中 λ 为拉格朗日乘数．

(2) 分别求 $F(x,y,\lambda)$ 关于 x、y 和 λ 的导数（在求关于某个变量的导数时，将另外两个变量看作常数），不妨记为 F_x、F_y 和 F_λ，解联立方程组

$$\begin{cases}F_x=0\\F_y=0\\F_\lambda=0\end{cases}$$

(3) 将上一步的解代入目标函数 $f(x,y)$，再根据实际情况，即可求得最优解．

* **例 11** 安可儿公司每周卖 x 副全配型耳机及 y 副简配型耳机，每周可获利如下式所示（单位：元）：

$$P(x,y)=-\frac{1}{4}x^2-\frac{3}{8}y^2-\frac{1}{4}xy+120x+100y-5\ 000$$

若限制总产量为每周 230 副，则全配型耳机和简配型耳机的每周产量各为多少，才能使利润最大？

解 本题为限制条件 $g(x,y)=x+y-230=0$ 下的最大值问题，使用拉格朗日乘数法．拉格朗日函数为

$$F(x,y,\lambda)=-\frac{1}{4}x^2-\frac{3}{8}y^2-\frac{1}{4}xy+120x+100y-5\ 000+\lambda(x+y-230)$$

解联立方程组

$$\begin{cases}F_x=-\dfrac{1}{2}x-\dfrac{1}{4}y+120+\lambda=0\\F_y=-\dfrac{3}{4}y-\dfrac{1}{4}x+100+\lambda=0\\F_\lambda=x+y-230=0\end{cases}$$

得 $x=180$，$y=50$. 此解为限制条件下的最优解，即每周生产 180 副全配型耳机和 50 副简配型耳机，可获得最大利润，最大利润为 10 312.5 元．

第三节
多变量优化问题

一、线性规划

1. 线性规划问题的一般形式

根据第一节的讨论，线性规划问题需要满足三个条件：

（1）有一组决策变量 $x_1, x_2, \cdots, x_n$，其表示要寻求的方案，每一组值对应一个具体方案；

（2）存在一组约束条件，且表示约束条件的数学式子都是线性等式或不等式；

（3）有一个目标函数，且该目标函数是线性函数．

线性规划模型的一般形式为：

$$\max(\min)\ z = c_1x_1 + c_2x_2 + \cdots + c_nx_n$$

$$\text{s. t.}\begin{cases} a_{11}x_1 + a_{12}x_2 + \cdots + a_{1n}x_n \leqslant (=、\geqslant) b_1 \\ a_{21}x_1 + a_{22}x_2 + \cdots + a_{2n}x_n \leqslant (=、\geqslant) b_2 \\ \cdots\cdots \\ a_{m1}x_1 + a_{m2}x_2 + \cdots + a_{mn}x_n \leqslant (=、\geqslant) b_m \\ x_j \geqslant 0 (j = 1, 2, \cdots, n) \end{cases}$$

这里，c_j、a_{ij}、b_i（$i = 1, 2, \cdots, m$；$j = 1, 2, \cdots, n$）都为常数．

2. 图解法

如果一个线性规划问题仅含有两个决策变量 x_1 和 x_2，可将两个决策变量取值组成的有序数组（x_1, x_2）与平面直角坐标系上的点形成一一对应．含有两个决策变量的线性规划问题的目标函数为二元线性函数，约束条件为二元一次方程或二元一次不等式，这些均可在平面直角坐标系中通过直线或半平面来表示，于是，含有两个决策变量的线性规划问题可在平面直角坐标系上通过做图方式求解．这种通过做图方式解线性规划问题的方法称为线性规划问题的**图解法**．

学习图解法的主要目的在于帮助理解线性规划问题解的性质．下面首先通过几个具体实例来说明图解法的原理和步骤．

例 12 求解本章第一节例 3 对应的线性规划模型．

解 (1) 建立平面直角坐标系 Ox_1x_2，画出可行域．因为 $x_1 \geqslant 0$，$x_2 \geqslant 0$，所以满足约束条件的点都落在第一象限及坐标轴的正半轴上．

在坐标系中画出直线 $x_1+2x_2=8$，这条直线将整个坐标平面分成两个半平面．显然，坐标原点 (0,0) 满足不等式 $x_1+2x_2 \leqslant 8$，所以，满足约束条件 $x_1+2x_2 \leqslant 8$ 的所有点落在直线 $x_1+2x_2=8$ 上及原点所在一侧的半平面内．

同理，满足约束条件 $3x_1 \leqslant 12$ 的所有点位于直线 $3x_1=12$ 上及以该直线为分割线的原点所在一侧的半平面内；满足约束条件 $5x_2 \leqslant 15$ 的所有点位于直线 $5x_2=15$ 上及以该直线为分割线的原点所在一侧的半平面内．

上述三个平面点集在第一象限的交集即为可行域（包含边界），如图 5－1 所示．可行域内任意一点的坐标都是该线性规划问题的可行解．

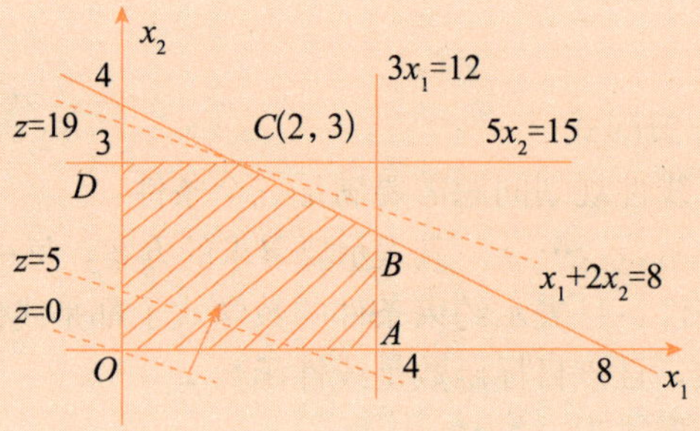

图 5－1 唯一最优解情形

(2) 绘制目标函数等值线．在几何上，目标函数 $z=2x_1+5x_2$ 代表平面上的一族平行直线，其中一条直线对应一个 z 值．落在同一条直线上的点 (x_1,x_2)，如果又落在可行域上，那么这样的点就是具有相同目标函数值的可行解，所以平行直线族中的每一条直线又称为**等值线**．

试探性地给定 z 值，如 $z=0$，$z=5$，画出相应的等值线，如图 5－1 所示．不难发现，等值线离原点（向上平移）越远，z 的值越大．

(3) 确定最优解．最优解必须是满足约束条件，并使目标函数达到最优值的解，故 x_1、x_2 的值只能在可行域 $OABCD$ 中去寻找．当等值线由原点 O 开始向上方移动时，z 的值逐渐增大，于是，当移动到与可行域相切时，切点就是代表最优解的点．

本例中等值线与可行域的切点为 C，C 点是直线 $x_1+2x_2=8$ 和 $5x_2=15$ 的交点，坐标为 (2,3)，所以，最优解为 $x_1=2$，$x_2=3$，最优值为 19.

通过例 12，不难总结出图解法的基本步骤如下：

(1) 根据约束条件画出可行域；

(2) 根据目标函数 z 的表达式画出目标函数等值线 $z=0$，并标明目标函数值增加的方向；

(3) 在可行域中，寻求符合要求的等值线与可行域边界相切的点或点集，并求出最优解和最优值．

例 13 求解线性规划问题：

$$\max z = 2x_1 + 4x_2$$

$$\text{s. t.}\begin{cases} x_1 + 2x_2 \leqslant 8 \\ 3x_1 \leqslant 12 \\ 5x_2 \leqslant 15 \\ x_1 \geqslant 0,\ x_2 \geqslant 0 \end{cases}$$

解 此题的约束条件同例 12，因此，其可行域完全相同．

画出等值线 $z=0$，即 $2x_1+4x_2=0$. 容易看出，等值线与直线 BC 平行，且等值线离原点（向上平移）越远，目标函数值越大．当等值线向上方移动时，它与可行域边界相切时不是一个点，而是在整个线段 BC 上相切，如图 5-2 所示．这时在 B 点、C 点及 BC 线段上的任意点都使目标函数值达到最大，即该线性规划问题有无穷多最优解．若取最优点 B，则最优解为 $x_1=4$，$x_2=2$，最优值为 16.

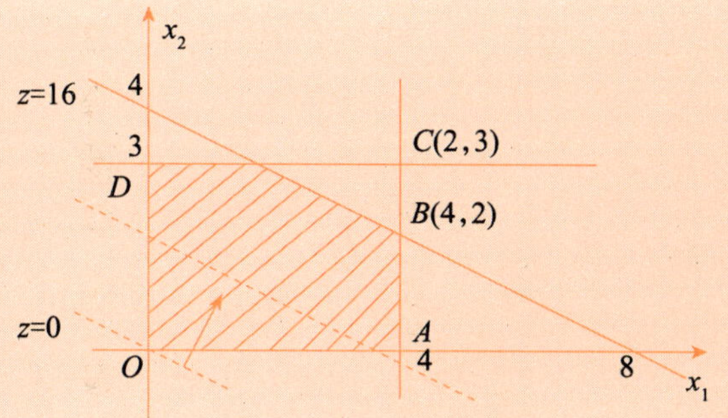

图 5-2 无穷多最优解情形

例 14 求解线性规划问题：

$$\max z = x_1 + x_2$$

$$\text{s. t.}\begin{cases} 2x_1 - x_2 \geqslant -4 \\ x_1 - x_2 \leqslant 2 \\ x_1 \geqslant 0,\ x_2 \geqslant 0 \end{cases}$$

解 首先在平面直角坐标系 Ox_1x_2 中画出可行域，它是无界区域，如图 5-3 所示．做

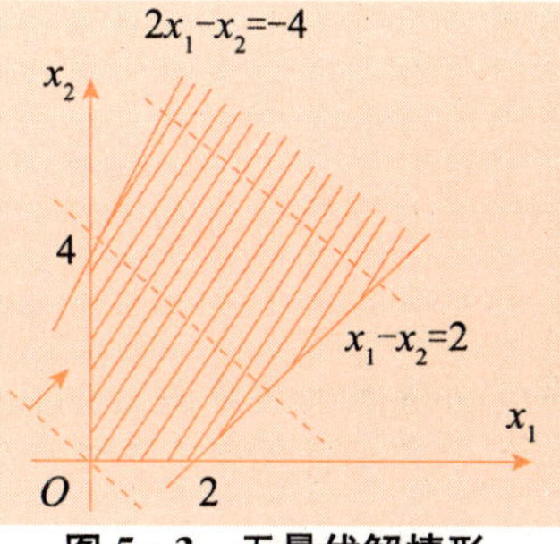

图 5-3 无最优解情形

等值线 $z=0$，即 $x_1+x_2=0$，容易看出，等值线离原点（向上平移）越远，目标函数值越大．但由于问题的可行域无界，等值线可以无限制地向右上方移动，即目标函数值可以增大至无穷大．该情况下称问题具有无界解或无最优解．

例 15 求解线性规划问题：

$$\min z=3x_1+x_2$$

$$\text{s. t.}\begin{cases}x_1+x_2\leqslant 2\\ -x_1+x_2\geqslant 3\\ x_1\geqslant 0,\ x_2\geqslant 0\end{cases}$$

解 在平面直角坐标系 Ox_1x_2 中，画出半平面 $x_1+x_2\leqslant 2$，它在第一象限的部分表示为区域 1，如图 5－4 所示；画出半平面 $-x_1+x_2\geqslant 3$，它在第一象限的部分表示为区域 2. 容易看出，区域 1 与区域 2 没有公共部分，即该问题的可行域为空集，所以此问题没有可行解，当然也就没有最优解．

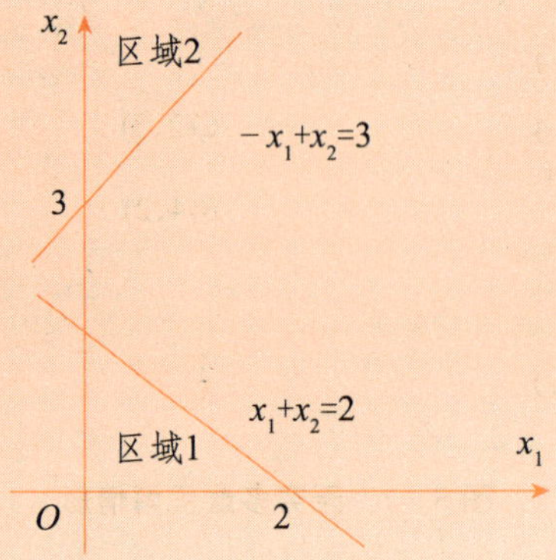

图 5－4　无可行解情形

3. 线性规划问题解的性质

图解法虽然只能用来求解含两个变量的线性规划问题，但通过它的解题思路和几何直观所得到的一些性质，对线性规划问题解的理解有很大的帮助．

从图解法的讨论可以知道，含两个变量的线性规划问题的解有下面四种情况：

（1）有可行解且有唯一最优解，如例 12；

（2）有可行解且有无穷多最优解，如例 13；

（3）有可行解但无最优解，如例 14；

（4）无可行解，如例 15.

同时，从例 12 至例 15 的讨论可以看出，若线性规划问题存在最优解，它一定在可行域的某个顶点得到，若在两个顶点同时得到最优解，则它们连线段上的任意一点都是最优解（如例 13），即有无穷多最优解．

上述结论可以推广到变量多于两个的一般情形，得线性规划问题解的性质如下：

（1）求解线性规划问题时，解的情况有：唯一最优解、无穷多最优解、无界解、无可行解．

（2）若线性规划问题的最优解存在，则最优解或最优解之一（如果有无穷多最优解）一定可以在其可行解（顶点）中找到．

4. 使用 Excel 求解线性规划问题

当变量多于两个时，线性规划问题不能用图解法，此时，我们一般借助软件求解．本章将介绍使用 Excel 的“规划求解”工具求解简单规划问题．Excel 的“规划求解”工具可以解决最多有 200 个变量、100 个外在约束和 400 个简单约束（决策变量整数约束的上下边界）的线性规划与非线性规划问题．

例 16　求解线性规划问题：

$$\max z = x_1 - 2x_2 + x_3$$

$$\text{s.t.}\begin{cases} x_1 + x_2 + x_3 \leqslant 12 \\ 2x_1 + x_2 - x_3 \leqslant 6 \\ -x_1 + 3x_2 \leqslant 9 \\ x_1 \geqslant 0,\ x_2 \geqslant 0,\ x_3 \geqslant 0 \end{cases}$$

解　第一步：输入数据．为了使输入的线性规划问题数据清晰明了，一般把工作表分成若干区域（具体根据实际情况确定），并用关键词加以标注．如本例中，区域 B1:D1 表示目标函数系数，区域 B2:D2 表示决策变量，区域 B4:D6 表示约束条件左端系数，区域 E4:E6 表示约束条件左端值，区域 F4:F6 表示约束条件右端值，单元格 F1 表示目标函数值．具体如图 5－5 所示．

	A	B	C	D	E	F
1	目标函数系数	1	-2	1	目标函数值	
2	决策变量					
3	约束条件				约束条件左端值	约束条件右端值
4		1	1	1		12
5		2	1	-1		6
6		-1	3	0		9

图 5－5　输入数据

第二步：描述约束条件左端和目标函数表达式．因为约束条件左端表达式等于约束条件的系数乘以相应的决策变量，所以在 E4 单元格中输入“＝$B$2*B4＋$C$2*C4＋$D$2*D4”，然后单击 E4 单元格，将鼠标移至 E4 单元格右下角，当光标变为小黑十字时，按住鼠标左键，拖曳至 E6 单元格．目标函数表达式为目标函数系数乘以决策变量，即在 F1 单元格中输入公式“＝B1*B2＋C1*C2＋D1*D2”．由于 Excel 默认的决策变量初始值等于 0，因此描述的目标函数和约束条件左端值均等于 0．具体如图 5－6 所示．

第三步：设置求解参数．单击“数据”中的“规划求解”命令，在弹出的“规划求解”对话框中输入各项参数．

	A	B	C	D	E	F
1	目标函数系数	1	-2	1	目标函数值	0
2	决策变量					
3	约束条件				约束条件左端值	约束条件右端值
4		1	1	1	0	12
5		2	1	-1	0	6
6		-1	3	0	0	9

图 5-6　描述约束条件左端和目标函数表达式

(1) 设置目标单元格和可变单元格．在“规划求解参数”对话框中选中“最大值”前的单选按钮，设置目标单元格为“\$F\$1”，可变单元格为“\$B\$2:\$D\$2”．

(2) 添加约束条件．单击“规划求解参数”对话框中的“添加”按钮，打开“添加约束”对话框，单击单元格引用位置文本框，然后选定工作表中的E4:E6单元格，则在文本框中显示“\$E\$4:\$E\$6”，选择“<=”约束条件；单击约束值文本框，然后选定工作表中的F4:F6单元格．

(3) 选择求解方法．因为是线性规划问题，所以选择求解方法为“单纯线性规划”，勾选“使无约束变量为非负数”．求解参数设置如图5-7所示．

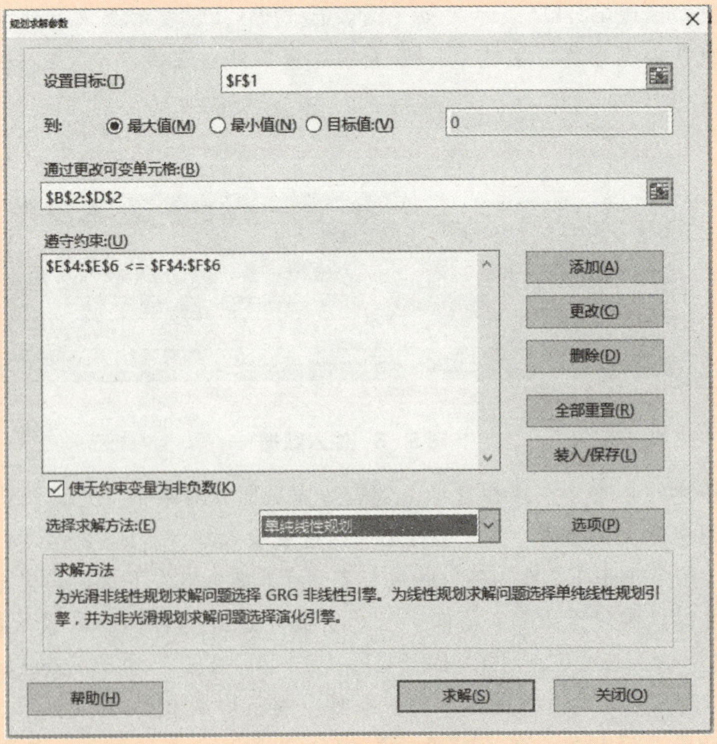

图 5-7　设置求解参数

注意　如果在“数据”中没有见到“规划求解”选项，则要依次通过单击“文件”→“选项”→“加载项”→“转到”，在出现的“加载宏”对话框中选定“规划求解加载项”.

第四步：求解模型．在“规划求解参数”对话框中单击“求解”按钮，弹出如图 5－8 所示的“规划求解结果”对话框．选中“保留规划求解的解”单选按钮，点击“确定”按钮，规划求解的结果如图 5－9 所示．

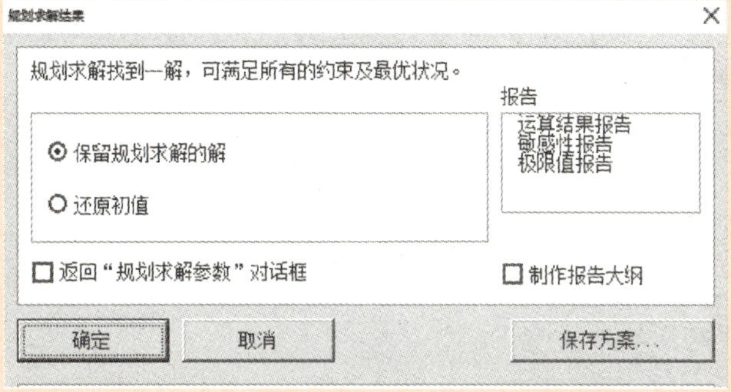

图 5－8　“规划求解结果”对话框

	A	B	C	D	E	F
1	目标函数系数	1	-2	1	目标函数值	12
2	决策变量	6	0	6		
3	约束条件				约束条件左端值	约束条件右端值
4		1	1	1	12	12
5		2	1	-1	6	6
6		-1	3	0	-6	9

图 5－9　规划求解结果

从图 5－9 可以很容易看出，当变量 $x_1=6$、$x_2=0$、$x_3=6$ 时，目标函数的最大值为 $\max z=12$.

注意　使用规划求解工具解线性规划问题时，Excel 只能帮我们判断最优解是否存在并找到一个最优解，并不能确定是否为唯一的最优解．

二、非线性规划

前面讨论了线性规划问题，一般地，如果一个优化问题的目标函数和约束条件中，至少有一个表达式是非线性关系，则称该优化问题为**非线性规划问题**．对于非线性规划问题，目前没有好的方法可以确保能找到全局最优解，这是我们需要注意的地方．下面通过一个实例说明非线性规划问题的Excel求解方法．

例17 某公司生产和销售两种产品，已知每生产单位产品的工时、电力和原材料消耗见表5-2.

两种产品的单价与销量之间存在负线性关系，分别为 $p_1=3\,000-50q_1$，$p_2=2\,952-80q_2$，工时、用电量和原材料的单位成本分别是10、12和50，总固定成本是10 000. 问：该公司怎样安排生产，所获利润最大？

表5-2 工时、电力和原材料的消耗表

	产品Ⅰ	产品Ⅱ	日允许消耗量
工时	3	7	300（工时）
电力	4	5	250（千瓦）
原材料	9	4	420（千克）

解 (1) 建立问题的数学模型：

设生产Ⅰ、Ⅱ两种产品的日产量分别为 x_1、x_2 单位，则销售收入分别为 $(3\,000-50x_1)x_1$ 和 $(2\,952-80x_2)x_2$. 产品Ⅰ的可变成本为 $(3\times10+4\times12+9\times50)x_1=528x_1$，产品Ⅱ的可变成本为 $(7\times10+5\times12+4\times50)x_2=330x_2$，总固定成本是10 000，因此利润函数可表示为

$$\begin{aligned}z&=(3\,000-50x_1)x_1+(2\,952-80x_2)x_2-528x_1-330x_2-10\,000\\&=2\,472x_1-50x_1^2+2\,622x_2-80x_2^2-10\,000\end{aligned}$$

由于工时每天可供使用量不能超过300，而生产1单位产品Ⅰ需要3个工时，生产1单位产品Ⅱ需要7个工时，故有

$$3x_1+7x_2\leqslant300$$

同理，因受电力、原材料的限制，可以得到以下两个不等式

$$4x_1+5x_2\leqslant250$$

$$9x_1+4x_2\leqslant420$$

此外，根据问题的实际意义，x_1、x_2 应该取非负数．

综上所述，建立问题的数学模型为：

$$\max z=2\,472x_1-50x_1^2+2\,622x_2-80x_2^2-10\,000$$

$$\text{s. t.}\begin{cases}3x_1+7x_2\leqslant300\\4x_1+5x_2\leqslant250\\9x_1+4x_2\leqslant420\\x_1,x_2\geqslant0\end{cases}$$

该模型为非线性规划模型．

（2）使用 Excel 求解该模型：

第一步：输入数据．其中，区域 B5:C5 表示决策变量值，区域 B2:C4 表示约束条件左端系数，区域 D2:D4 表示约束条件左端值（即实际需求量），区域 E2:E4 表示约束条件右端值（即最大可供应量），区域 E5 表示目标函数值．具体如图 5－10 所示．

	A	B	C	D	E
1		产品 I	产品 II	需求量	可供应量
2	工时	3	7		300
3	电量	4	5		250
4	原材料	9	4		420
5	产量			总利润	

图 5－10　输入数据

第二步：描述目标函数表达式和约束条件左端．在 E5 单元格中输入目标函数表达式“=2472*B5-50*B5^2+2622*C5-80*C5^2-10000”；在 D2 单元格中输入第一个约束条件的左端表达式“=B2*$B$5+C2*$C$5”，然后单击 D2 单元格，将鼠标移至 D2 单元格右下角，当光标变为小黑十字时，按住鼠标左键，拖曳至 D4 单元格．结果如图 5－11 所示．

	A	B	C	D	E
1		产品 I	产品 II	需求量	可供应量
2	工时	3	7	0	300
3	电量	4	5	0	250
4	原材料	9	4	0	420
5	产量			总利润	-10000

图 5－11　描述约束条件左端和目标函数表达式

第三步：设置求解参数．单击“数据”中的“规划求解”命令，在弹出的“规划求解参数”对话框中输入各项参数．

1）设置目标单元格和可变单元格．在“规划求解参数”对话框中选中“最大值”前的单选按钮，设置目标单元格为“$E$5”，可变单元格为“$B$5:$C$5”．

2）添加约束条件．单击“规划求解参数”对话框中的“添加”按钮，打开“添加约束”对话框，单击单元格引用位置文本框，然后选定工作表中的 D2:D4 区域，则在文本框中显示“$D$2:$D$4”，选择“<=”约束条件；单击约束值文本框，然后选定工作表中的 E2:E4 区域．

3）选择求解方法．因为是非线性规划问题，所以选择求解方法为“非线性 GRG”，勾选“使无约束变量为非负数”．求解参数设置如图 5－12 所示．

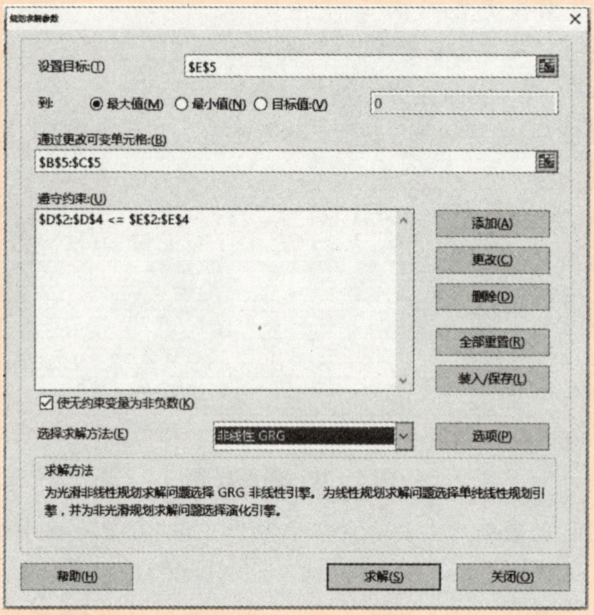

图 5－12　设置求解参数

第四步：求解模型．求解的结果如图 5－13 所示．

	A	B	C	D	E
1		产品Ⅰ	产品Ⅱ	需求量	可供应量
2	工时	3	7	188.87	300
3	电量	4	5	180.82	250
4	原材料	9	4	288.03	420
5	产量	24.72	16.39	总利润	42037.93

图 5－13　规划求解结果

从图 5－13 可以看出，当产量 $x_1=24.72$、$x_2=16.39$ 时，最大利润为 42 037.93.

实训五
利用 Excel 求解最优化问题

【实训目的】

◇ 掌握利用 Excel 进行数值模拟求解一元非线性优化问题；

◇ 掌握利用 Excel 的规划求解工具求解整数规划问题.

【实训内容】

实训 1　已知函数 $y=100e^{-x}\sin(x+2)$，画出它在区间 [0,10] 内的图形，并求它在区间 [0,10] 内最小值的近似值.

操作步骤

第一步：构建数值模拟求解框架．因为自变量的变化区间是 [0,10]，所以自变量的取值从 0 开始每隔 0.1 取一个值，如图 5-14 所示．

	A	B	C	D	E
1	自变量	函数值		自变量取值	
2	0			最小值	
3	0.1				
4	0.2				
5	0.3				
6	0.4				
7	0.5				
8	0.6				
9	0.7				
10	0.8				
11	0.9				
12	1				
13	1.1				
14	1.2				
15	1.3				
16	1.4				

图 5-14　数值模拟求解框架

第二步：构建目标函数．选中 B2 单元格，输入公式“=100＊EXP(－A2)＊SIN(A2＋

2)"，按下"Enter"键，并拖动"填充柄"至 B102 单元格完成公式的拷贝操作，得到如图 5－15 所示的结果．

	A	B	C	D	E
1	自变量	函数值		自变量取值	
2	0	90.92974		最小值	
3	0.1	78.10641			
4	0.2	66.19409			
5	0.3	55.2432			
6	0.4	45.27765			
7	0.5	36.29917			
8	0.6	28.29132			
9	0.7	21.22306			
10	0.8	15.05199			
11	0.9	9.727152			
12	1	5.191515			
13	1.1	1.3841			
14	1.2	-1.7582			
15	1.3	-4.29907			
16	1.4	-6.30157			

图 5－15　构建目标函数

第三步：确定最小值．在 E2 单元格中输入公式"＝MIN(B2:B102)"，同时按下"Enter"键，可得函数在区间 [0,10] 内最小值的近似值为 －10.286 8，如图 5－16 所示．

	A	B	C	D	E
1	自变量	函数值		自变量取值	
2	0	90.92974		最小值	-10.2868
3	0.1	78.10641			
4	0.2	66.19409			
5	0.3	55.2432			
6	0.4	45.27765			
7	0.5	36.29917			
8	0.6	28.29132			
9	0.7	21.22306			
10	0.8	15.05199			
11	0.9	9.727152			
12	1	5.191515			
13	1.1	1.3841			
14	1.2	-1.7582			
15	1.3	-4.29907			
16	1.4	-6.30157			

图 5－16　确定最小值

第四步：确定最小值对应的自变量取值．在 E1 单元格中输入公式"＝INDEX(A2:A102,MATCH(E2,B2:B102,0))"，可检索到最小值对应的自变量的取值为 1.9，如图5－17 所示．

	A	B	C	D	E
1	自变量	函数值		自变量取值	1.9
2	0	90.92974		最小值	-10.2868
3	0.1	78.10641			
4	0.2	66.19409			
5	0.3	55.2432			
6	0.4	45.27765			
7	0.5	36.29917			
8	0.6	28.29132			
9	0.7	21.22306			
10	0.8	15.05199			
11	0.9	9.727152			
12	1	5.191515			
13	1.1	1.3841			
14	1.2	-1.7582			
15	1.3	-4.29907			
16	1.4	-6.30157			

图 5-17 确定最小值对应的自变量取值

第五步：画函数图像．单击 A2 单元格并按下鼠标左键，拖至 B102 单元格，单击“插入”菜单，选择“散点图”．单击“带平滑曲线和数据标记的散点图”选项，得到如图 5-18 所示的函数图像．

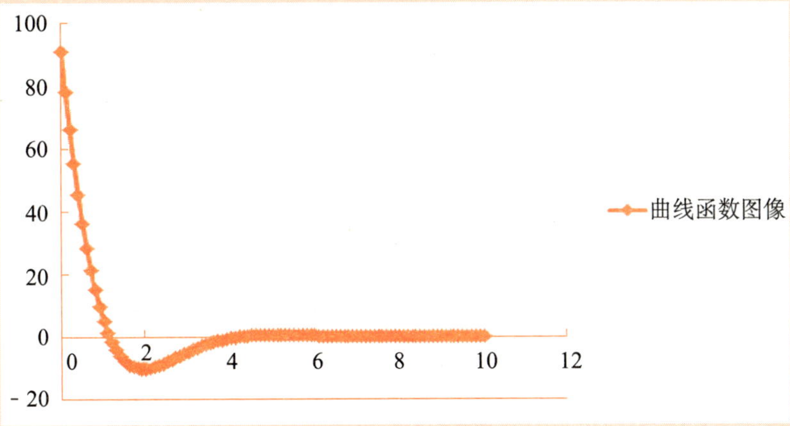

图 5-18 画函数图像

第六步：在图表空白区域单击鼠标右键，单击“选择数据”选项，如图 5-19 所示．

第七步：单击“添加”按钮，在“系列名称”中输入最小值点，在“X 轴系列值(X)”中输入公式“=Sheet3!$E$1”，在“Y 轴系列值（Y)”中输入公式“=Sheet3!$E$2”，如图 5-20 所示．

第八步：单击“确定”按钮，得到如图 5-21 所示的结果．

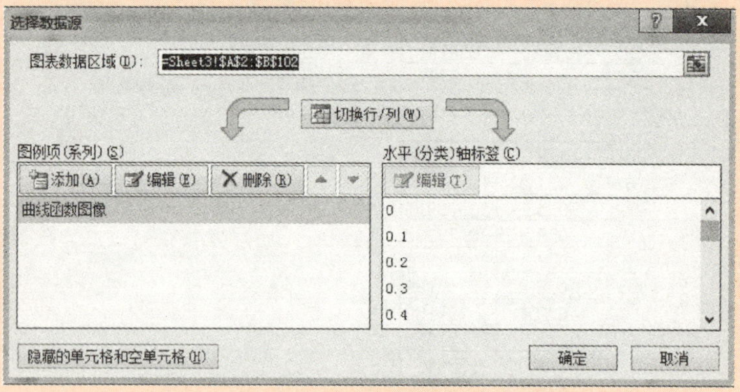

图 5 - 19　选择数据源

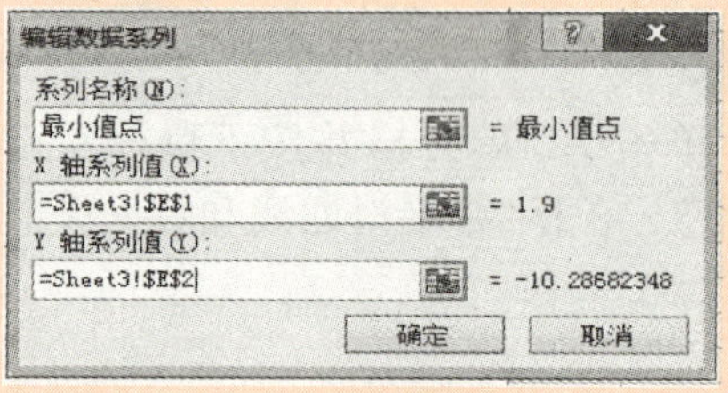

图 5 - 20　编辑数据系列

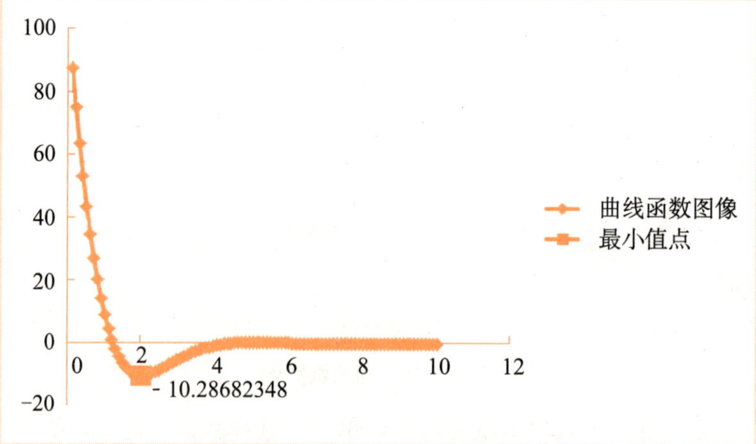

图 5 - 21　最小值点在图中的位置

注意　数值模拟求解的最小值和实际函数最小值有一定的误差，这是由自变量的取值所决定的，本例中自变量是每隔 0.1 取一个数据点．感兴趣的读者可以缩小自变量的取值间隔，如每隔 0.05 取一个点，这样将缩小与实际函数最小值之间的误差．

实训 2　某机械厂需要长 80 厘米的钢管 800 根、长 60 厘米的钢管 200 根，这两种不同长度的钢管由长 200 厘米的钢管截得．工厂该如何下料，使得用料最省？

操作步骤

在本章第一节中我们已经对钢管下料问题建立了如下的数学规划模型：

$$\min z = x_1 + x_2 + x_3$$

$$\text{s. t.}\begin{cases}2x_1 + x_2 \geqslant 800 \\ 2x_2 + 3x_3 \geqslant 200 \\ x_i \text{ 为非负整数}(i = 1,2,3)\end{cases}$$

第一步：在 Excel 工作表中建立整数规划模型框架，并输入数据．本例中，区域 B1:D1 表示目标函数系数，区域 B2:D2 表示决策变量值，区域 B4:D8 表示约束条件左端系数，区域 E4:E8 表示约束条件左端值，区域 F4:F8 表示约束条件右端值，单元格 B9 表示目标函数值．具体如图 5－22 所示．

	A	B	C	D	E	F
1	目标函数系数	1	1	1		
2	决策变量					
3	约束条件				约束条件左端值	约束条件右端的值
4		2	1	0		800
5		0	2	3		200
6		1	0	0		0
7		0	1	0		0
8		0	0	1		0
9	目标函数值					

图 5－22　线性规划模型框架

第二步：单击单元格 B9，并输入公式“＝B1＊B2＋C1＊C2＋D1＊D2”，同时在 E4 单元格中输入公式“＝$B$2＊B4＋$C$2＊C4＋$D$2＊D4”，并拖动填充柄至 E8 单元格完成公式的拷贝操作，得到如图 5－23 所示的结果．

	A	B	C	D	E	F
1	目标函数系数	1	1	1		
2	决策变量					
3	约束条件				约束条件左端值	约束条件右端的值
4		2	1	0	0	800
5		0	2	3	0	200
6		1	0	0	0	0
7		0	1	0	0	0
8		0	0	1	0	0
9	目标函数值	0				

图 5－23　输入目标函数与约束条件左端表达式

第三步：单击“数据”菜单下的“规划求解”选项，在弹出的“规划求解参数”对话框中输入各项参数．

（1）设置目标单元格和可变单元格，如图 5－24 所示.

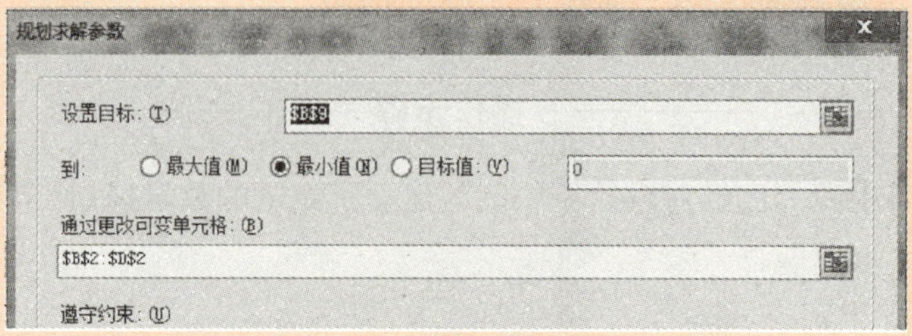

图 5－24　设置目标单元格和可变单元格

（2）添加整数约束条件．考虑到 x_1、x_2、x_3 都是整数，因而它们的取值只能是正整数或零，所以添加约束条件时需添加可变单元格等于整数．单击单元格引用位置，然后选中 B2 单元格，在单元格引用位置会出现“$B$2”，约束条件选择“int”，如图 5－25 所示．依此方法添加决策变量 x_2、x_3 的整数约束条件．

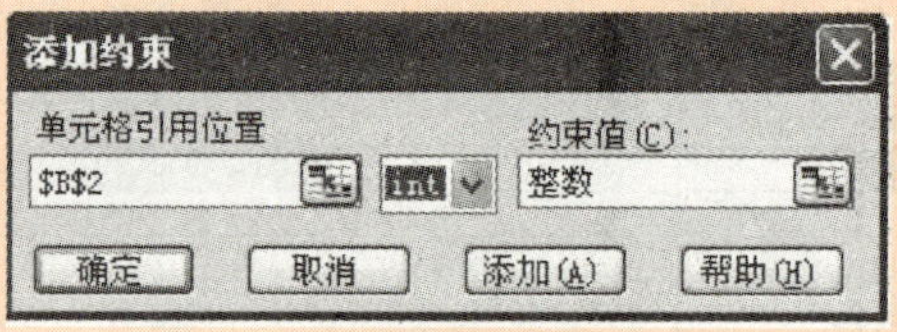

图 5－25　添加整数约束条件

（3）添加其他约束条件．单击单元格引用位置，然后选中 E4 单元格，并按下鼠标左键拖动到 E8 单元格．单元格引用位置出现“$E$4：$E$8”，同理在约束位置输入“=$F$4：$F$8”．接下来在“添加约束”对话框中选择“>=”，并单击“添加”按钮完成约束条件的添加，如图 5－26 所示．

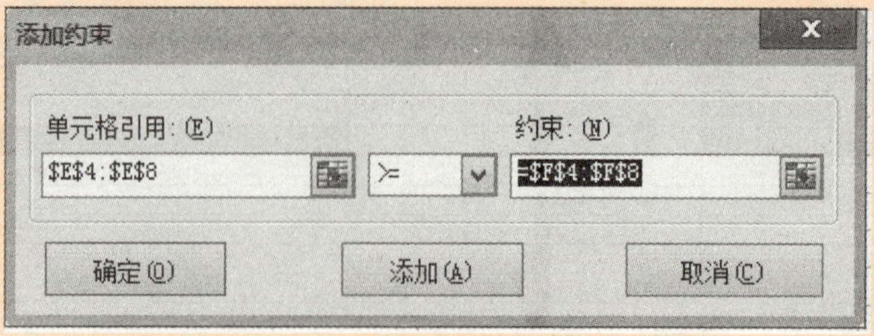

图 5－26　添加其他约束条件

第四步：单击“求解”按钮，弹出“规划求解结果”对话框，同时结果显示在工作表中，如图 5－27 所示．

	A	B	C	D	E	F
1	目标函数系数	1	1	1		
2	决策变量	350	100	0		
3	约束条件				约束条件左端值	约束条件右端的值
4		2	1	0	800	800
5		0	2	3	200	200
6		1	0	0	350	0
7		0	1	0	100	0
8		0	0	1	0	0
9	目标函数值	450				

图 5-27 求解结果

即用 350 根长 200 厘米的钢管用于第一种方式的下料，用 100 根长 200 厘米的钢管用于第二种方式的下料，总共需要用到的钢管数量为 450 根.

练习五

1. 线性规划方法用于解决什么类型的问题?

2. 试述线性规划问题数学模型的组成部分及特征.

3. 线性规划问题的最优解只能在可行域的边界上取得吗?

4. 求下列函数在给定区间内的最大值和最小值.

(1) $y=x^5-5x^4+5x^3+1$, $[-1,2]$　　(2) $y=2x^3-3x^2$, $[-1,4]$

(3) $y=\sin 2x-x$, $\left[-\frac{\pi}{2},\frac{\pi}{2}\right]$　　(4) $y=x+\sqrt{1-x}$, $[-5,1]$

5. 要建造一个容积为 16π 的圆柱形无盖蓄水池，已知池底单位造价为池侧面单位造价的2倍. 问：应如何选择蓄水池的底半径 r 和高 h，才能使总造价最低?

6. 一块宽 $2a$ 的长方形铁片，将它的两个边缘向上折起成一个开口水槽，使其横截面为一矩形，矩形高为 x. 问：x 取何值时，水槽的横截面最大?

7. 设某产品的总成本（单位：元）函数为 $C(q)=0.25q^2+15q+1\ 600$（q 为产品的产量）. 问：当产量为多少时，该产品的平均成本最小? 最小平均成本为多少?

8. 蓝天牌衬衣，若定价为每件50元，一周可售出1 000件. 市场调查显示，每件售价每降低2元，一周的销售量可增加100件. 问：每件售价定为多少元时，能使商家的销售额最大? 最大销售额是多少?

9. 友谊商店每月可销售某种商品2.4万件，每件商品每月的库存费用为4.8元. 商店分批进货，每次订购费用为3 600元. 如果销售是均匀的（即商品库存量为每批订购量的一半），问：每批订购多少件商品时，可使每月的订购费与库存费之和最少? 这笔最少费用是多少?

10. 试写出下列问题的数学模型（不用求解）：

(1) 某产品需经两道工序加工才能完成，共有工人30名，按照过去的经验，第一道工序每个工人每天能加工产品100件，第二道工序每个工人每天能加工产品200件. 问：

应如何安排生产才能使连续生产过程中产出成品最多？

（2）某工厂生产某种化学产品，每单位标准重量为1 000克，由A、B、C三种化学物混合而成．其组成成分是单位产品中A不得超过300克，B不得少于150克，C不得少于200克，而A、B、C每克成本分别为5元、6元、7元．问：如何配制该化学产品，可使成本最低？

11. 用图解法解下列线性规划问题.

(1) $\max z = 2x_1 + 3x_2$

$$\text{s. t.}\begin{cases} x_1 - x_2 \geqslant 1 \\ -x_1 + 2x_2 \leqslant 2 \\ x_1 \geqslant 0,\ x_2 \geqslant 0 \end{cases}$$

(2) $\min z = 2x_1 + x_2$

$$\text{s. t.}\begin{cases} x_1 + x_2 \leqslant 4 \\ x_1 - 2x_2 \geqslant 5 \\ x_1 \geqslant 0,\ x_2 \geqslant 0 \end{cases}$$

12. 利用Excel求解下列线性规划问题.

(1) $\max z = 3x_1 + 2x_2$

$$\text{s. t.}\begin{cases} x_1 \leqslant 4 \\ 2x_1 + 3x_2 \leqslant 12 \\ 2x_1 + x_2 \leqslant 8 \\ x_i \geqslant 0(i = 1,2) \end{cases}$$

(2) $\max z = x_1 + 6x_2 + 4x_3$

$$\text{s. t.}\begin{cases} -x_1 + 2x_2 + 2x_3 \leqslant 13 \\ 4x_1 - 4x_2 + x_3 \leqslant 20 \\ x_1 + 2x_2 + x_3 \leqslant 17 \\ x_i \geqslant 0(i = 1,2,3) \end{cases}$$

13. 某合金厂用锡铅合金制作质量为50克的产品，其中锡不少于25克，铅不多于30克．每克锡的成本为0.8元，每克铅的成本为0.12元．问：工厂应如何搭配锡、铅两种原料，使得产品的成本最低？

14. 考虑如表5－3所示的生产计划问题，建立线性规划模型，以确定最优生产方案．

表5－3　产品资源消耗及单位利润表

资源	单位资源使用量		可用资源总量
	甲产品	乙产品	
A	3	3	20
B	2	1	10
C	2	4	20
单位利润	200	300	

15. 某家具制造厂生产五种不同规格的家具，每件家具都要经过机械成型、打磨和上漆等主要生产工序．每种家具在每道工序所使用的时间、每道工序的可用时间、每种家具的利润等数据见表5－4．问：工厂应如何安排生产，才能使总利润最大？

表 5-4　家具生产数据表

生产工序	所需时间					可用时间（小时）
	家具一	家具二	家具三	家具四	家具五	
成型	3	4	6	2	3	3 600
打磨	4	3	5	6	4	3 950
上漆	2	3	3	4	3	2 800
利润（百元）	2.7	3	4.5	2.5	3	

16. 某工厂用 A、B 两种配件生产甲、乙两种产品，每生产一件甲产品使用 4 个 A 配件、耗时 1 小时，每生产一件乙产品使用 4 个 B 配件、耗时 2 小时．该厂每天最多可从配件厂获得 16 个 A 配件和 12 个 B 配件，按每天工作 8 小时计算，若生产一件甲产品获利 2 万元，生产一件乙产品获利 3 万元．问：工厂应如何安排生产，以使得总利润最大?

17. 某机械厂需要长 80 厘米的钢管 800 根与长 60 厘米的钢管 300 根，这两种不同长度的钢管由长 200 厘米的钢管截得．问：工厂应如何下料，可使得用料最省?

18. 某建筑工地，需要直径相同、长度不同的成套钢筋，每套由 7 根 2 米长与 2 根 7 米长的钢筋组成．今有 15 米长的钢筋 150 根，问：应如何下料，才能使废料最少?

19. 某工厂用钢与橡胶生产 A、B、C 三种产品，有关资料见表 5-5.

表 5-5　单位产品消耗量表

产品	单位产品钢消耗量	单位产品橡胶消耗量	单位产品利润
A	2	3	40
B	3	3	45
C	1	2	24

若每天可供应 100 单位钢和 120 单位橡胶，问：每天生产产品 A、B、C 各多少，可使利润最大?

20. 某工厂制造三种产品，生产这三种产品需要三种资源：技术服务、劳动力和行政管理．表 5-6 列出了三种单位产品对每种资源的需求量.

表 5-6　资源需求量表

产品	资源			利润
	技术服务	劳动力	行政管理	
A	1	10	2	10
B	1	5	2	6
C	1	4	6	4

现有 100 小时的技术服务、600 小时的劳动力和 300 小时的行政管理时间可供使用，求最优产品品种规划．

21. 某部门在今后五年内考虑给下列项目投资，已知：

项目 A，从第一年到第四年年初需要投资，并于次年末回收本利 110%；

项目 B，第三年年初需要投资，到第五年年末能回收本利 115%，但规定最大投资额不超过 4 万元；

项目 C，第二年年初需要投资，到第五年年末能回收本利 130%，但规定最大投资额不超过 3 万元；

项目 D，五年内每年年初可购买公债，于当年末归还，并加利息 3%.

该部门现有资金 10 万元，应如何确定给这些项目每年的投资额，使到第五年年末拥有资金的本利总额最大？

附　录

附录一
Excel 基本操作指导

一、Excel 单元格的选取

1. 选取单个单元格

Excel 启动后，首先将自动选取第 A 列第 1 行的单元格，可以用键盘或鼠标来选取其他单元格. 用鼠标选取时，只需将鼠标移至希望选取的单元格上并单击即可，被选取的单元格将以反色显示.

2. 选取连续的单元格

先选取范围的起始点（左上角），即用鼠标单击所需位置使其反色显示 . 然后按住鼠标左键不放，拖动鼠标指针至终点（右下角）位置，然后放开鼠标即可 .

3. 选取不连续的单元格

先选取第一个单元格，然后按住“Ctrl”键，再依次选取其他单元格即可 .

二、快速移动/复制单元格

先选定单元格，然后移动鼠标指针到单元格边框上，按下鼠标左键并拖动到新位置，然后释放按键即可移动. 若要复制单元格，则在释放鼠标之前按下“Ctrl”键即可.

三、将单元格区域从公式转换成数值

使用“选择性粘贴”中的“数值”选项来转换数据.

四、输入有规律数字

有时需要输入一些不是成自然递增的数值（如等比序列：2、4、8……），我们可以用右键拖拉的方法来完成：先在第 1、第 2 两个单元格中输入该序列的前两个数值 2、4，选中上述两个单元格，将鼠标移至第 2 个单元格的右下角成细十字线状时，按住右键向后（或向下）拖拉至该序列的最后一个单元格，松开右键，此时会弹出一个菜单，选“等比序列”选项，则该序列为 2、4、8、16……如果选“等差序列”，则该序列为 2、4、6、8……

五、公式中的数值计算

公式是在工作表中对数据进行分析的等式．它可以对工作表数值进行加法、减法和乘法等运算．要输入计算公式，先单击待输入公式的单元格，而后输入“＝”，接着输入相应的公式，公式输入完毕后按“Enter”键即可确认．如果单击了“编辑公式”按钮或“粘贴函数”按钮，Excel 将自动插入一个等号．

例如：将单元格 B5 中的数值加上 20，再除以单元格 D5、E5 和 F5 中数值的和，可输入如下公式：

＝(B5＋20)/sum(D5:F5)

或　＝(B5＋20)/(D5＋E5＋F5)

六、公式中的语法

公式语法也就是公式中元素的结构或顺序．Excel 中的公式遵守一个特定的语法：最前面是等号（＝），后面是参与计算的元素（运算数）和运算符．每个运算数可以是不改变的数值（常量数值）、单元格或区域引用、标志、名称，或工作表函数．

在默认状态下，Excel 从等号开始，从左到右计算公式．可以通过修改公式语法来控制计算的顺序．

例如：公式“＝5＋2＊3”的结果为 11，即将 2 乘以 3（结果是 6），然后再加上 5，因为 Excel 先计算乘法再计算加法；可以使用圆括号来改变语法，圆括号内的内容将首先被计算，则公式“＝(5＋2)*3”的结果为 21.

七、单元格引用

一个单元格中的数值或公式可以被另一个单元格引用．含有单元格引用公式的单元格称为从属单元格，它的值依赖于被引用单元格的值．只要被引用单元格做了修改，包含引用公式的单元格也就随之修改．

例如：公式“＝B15＊5”将单元格 B15 中的数值乘以 5，每当单元格 B15 中的值被修改时，公式都将重新计算．公式可以引用单元格组或单元格区域，还可以引用代表单元格或单元格区域的名称或标志.

1. 相对引用

如 A1、B3 等．此时公式复制到另一个位置时行和列都要变．

2. 绝对引用

如＄A＄1、＄B＄3 等．此时公式复制到另一个位置时行和列都不变．

3. 混合引用

如＄A1、B＄3 等．＄A1 表示公式复制到另一个位置时行要变、列不变．B＄3 表示公式复制到另一个位置时行不变、列要变．

八、插入工作表函数

Excel 包含许多内置的公式，它们被叫做函数．函数可以进行简单的或复杂的计算．

函数的语法以函数名称开始，后面是左圆括号、以逗号隔开的参数和右圆括号．如果函数以公式的形式出现，应在函数名称前面键入等号．当生成包含函数的公式时，公式选项板将会提供相关的帮助．

插入函数的步骤：

步骤 1：单击需要输入公式的单元格．

步骤 2：单击“f_x”，打开“插入函数”对话框.

步骤 3：单击选定需要添加到公式中的函数．如果函数没有出现在列表中，请单击“其他函数”查看其他函数列表．

步骤 4：输入参数．

步骤 5：完成输入公式后，请按“Enter”键．

九、几种常见的统计函数

1. 均值

Excel 计算平均数使用 AVERAGE 函数，其格式如下：

AVERAGE(参数1,参数2,…,参数30)

范例：AVERAGE(12.6,13.4,11.9,12.8,13.0)=12.74.

如果要计算单元格区域 A1 到 B20 元素的平均数，可用 AVERAGE(A1:B20).

2. 标准差

计算标准差可依据样本当作变量或总体当作变量来分别计算. 根据样本计算的结果称作样本标准差，依据总体计算的结果称作总体标准差．

(1) 样本标准差. Excel 计算样本标准差采用无偏估计式，STDEV 函数格式如下：

STDEV(参数1,参数2,…,参数30)

范例：STDEV(3,5,6,4,6,7,5)=1.35.

如果要计算单元格中 A1 到 B20 元素的样本标准差，可用 STDEV(A1:B20).

（2）总体标准差．Excel 计算总体标准差采用有偏估计式 STDEVP 函数，其格式如下：

STDEVP(参数1,参数2,…,参数30)

范例：STDEVP(3,5,6,4,6,7,5)=1.25.

3. 方差

方差为标准差的平方，在统计上亦分样本方差与总体方差．

（1）样本方差．Excel 计算样本方差使用 VAR 函数，格式如下：

VAR(参数1,参数2,…,参数30)

如果要计算单元格区域 A1 到 B20 元素的样本方差，可用 VAR(A1:B20).

（2）总体方差．Excel 计算总体方差使用 VARP 函数，格式如下：

VARP(参数1,参数2,…,参数30)

范例：VARP(3,5,6,4,6,7,5)=1.55.

4. 正态分布函数

Excel 计算正态分布时，使用 NORMDIST 函数，其格式如下：

NORMDIST(变量,均值,标准差,累积)

其中：

变量（x）：分布要计算的 x 值；

均值（μ）：分布的均值；

标准差（σ）：分布的标准差；

累积：若为 TRUE，则为分布函数；若为 FALSE，则为概率密度函数．

范例：已知 X 服从正态分布，$\mu=600$，$\sigma=100$，求 $P\{X\leqslant 500\}$．输入公式：

=NORMDIST(500,600,100,TRUE)

得到的结果为 0.158 655，即 $P\{X\leqslant 500\}=0.158\ 655$.

5. 泊松分布函数

Excel 计算泊松分布时，使用 POISSON 函数，格式如下：

POISSON(变量,参数,累积)

其中：

变量：表示事件发生的次数；

参数：泊松分布的参数值；

累积：若为 TRUE，为泊松分布函数值；若为 FALSE，则为泊松分布概率分布值．

范例：设 X 服从参数为 4 的泊松分布，计算 $P\{X=6\}$及 $P\{X\leqslant 6\}$．输入公式：

=POISSON(6,4,FALSE)

=POISSON(6,4,TRUE)

得到概率 0.104 196 和 0.889 326.

十、描述统计

单击“数据”菜单，选择“数据分析”，在弹出的“数据分析”对话框中选择“描述统计”选项.

“描述统计”对话框内各选项的含义：

输入区域：在此输入待分析数据区域的单元格范围.

分组方式：如果需要指出输入区域中的数据是按行还是按列排列，则单击“行”或“列”.

标志位于第一行/列：如果输入区域的第一行中包含标志项（变量名），则选中“标志位于第一行”复选框；如果输入区域的第一列中包含标志项，则选中“标志位于第一列”复选框.

复选框：如果输入区域没有标志项，则不选任何复选框，Excel 将在输出表中生成适宜的数据标志.

均值置信度：若需要输出由样本均值推断总体均值的置信区间，则选中此复选框，然后在右侧的编辑框中，输入所要使用的置信度. 例如，置信度 95%可计算出的总体样本均值置信区间为 10，则表示：在 5%的显著水平下总体均值的置信区间为 $(X-10, X+10)$.

第 K 个最大/小值：如果需要在输出表的某一行中包含每个区域的数据的第 K 个最大/小值，则选中此复选框. 然后在右侧的编辑框中，输入 K 的数值.

输出区域：在此框中可填写输出结果表左上角单元格地址，用于控制输出结果的存放位置.

新工作表：单击此选项，可在当前工作簿中插入新工作表，并由新工作表的 A1 单元格开始存放计算结果. 如果需要给新工作表命名，则在右侧编辑框中键入名称.

新工作簿：单击此选项，可创建一新工作簿，并在新工作簿的新工作表中存放计算结果.

汇总统计：指定输出表中生成下列统计结果，则选中此复选框.

十一、Excel 回归分析结果的详细阐释

范例 今收集到某地区 1950—1975 年的工农业总产值（X）与货运周转量（Y）的历史数据如下：

X：0.5，0.87，1.2，1.6，1.9，2.2，2.5，2.8，3.6，4，4.1，3.2，3.4，4.4，4.7，5.4，5.65，5.6，5.7，5.9，6.3，6.65，6.7，7.05，7.06，7.3

Y：0.9，1.2，1.4，1.5，1.7，2，2.05，2.35，3，3.5，3.2，2.4，2.8，3.2，3.4，3.7，4，4.4，4.35，4.34，4.35，4.4，4.55，4.7，4.6，5.2

试分析 X 与 Y 的关系.

第一部分：回归统计表

这一部分给出了相关系数、测定系数、校正测定系数、标准误差和样本数目（见附表 1）.

附表 1　回归统计表

回归统计	
Multiple	0.989 342
R Square	0.978 798
Adjusted	0.977 914
标准误差	0.187 682
观测值	26

逐行说明如下：

“Multiple”对应的数据是相关系数（correlation coefficient），即 $R=0.989\ 342$.

“R Square”对应的数值为测定系数（determination coefficient），或称拟合优度（goodness of fit），它是相关系数的平方，即有 $R^2=0.978\ 798$.

“Adjusted”对应的是校正测定系数（adjusted determination coefficient），计算公式为

$$R_a=1-\frac{(n-1)(1-R^2)}{n-m-1}$$

式中，n 为样本数，m 为变量数，R^2 为测定系数. 对于本例，$n=26$，$m=1$，$R^2=0.978\ 798$ ，代入上式得

$$R_a=1-\frac{(26-1)\times(1-0.978\ 798)}{26-1-1}=0.977\ 914$$

“标准误差”对应的即我们平时所说的标准误差，计算公式为

$$s=\sqrt{\frac{1}{n-m-1}SS_e}$$

这里 SS_e 为剩余平方和，可以从下面的方差分析表中读出，即有 $SS_e=0.845\ 388$，代入上式可得

$$s=\sqrt{\frac{1}{26-1-1}\times 0.845\ 388}=0.187\ 682$$

“观测值”对应的是样本数目，即有 $n=26$.

第二部分：方差分析表

方差分析部分包括自由度、误差平方和、均方差、F 值、P 值等（见附表 2）.

附表 2　方差分析表

	df	*SS*	*MS*	*F*	Significance *F*
回归分析	1	39.026 71	39.026 71	1 107.942	1.34353E-21
残差	24	0.845 388	0.035 224		
总计	25	39.872 1			

逐列、分行说明如下：

第一列 df 对应的是自由度（degree of freedom），第一行是回归自由度 df_r，等于变量数目，即 $df_r=m$；第二行为残差自由度 df_e，等于样本数目减去变量数目再减 1，即有 $df_e=n-m-1$；第三行为总自由度 df_t，等于样本数目减 1，即有 $df_t=n-1$. 对于本例，$m=1$，$n=26$，因此，$df_r=1$，$df_e=n-m-1=24$，$df_t=n-1=25$.

第二列 SS 对应的是误差平方和，或称变差. 第一行为回归平方和或称回归变差 SS_r，即有

$$SS_r=\sum_{i=1}^{n}(\hat{y}_i-\bar{y}_i)^2=39.026\ 71$$

它表征的是因变量的预测值对其平均值的总偏差.

第二行为剩余平方和（也称残差平方和）或称剩余变差 SS_e，即有

$$SS_e=\sum_{i=1}^{n}(y_i-\hat{y}_i)^2=0.845\ 388$$

它表征的是因变量对其预测值的总偏差，这个数值越大，意味着拟合的效果越差. 上述的 y 的标准误差即由 SS_e 给出.

第三行为总平和或称总变差 SS_t，即有

$$SS_t=\sum_{i=1}^{n}(y_i-\bar{y}_i)^2=39.872\ 1$$

它表示的是因变量对其平均值的总偏差，$SS_r+SS_e=SS_t$.

测定系数就是回归平方和在总平方和中所占的比重，即有

$$R^2=\frac{SS_r}{SS_t}=\frac{39.026\ 71}{39.872\ 1}=0.978\ 798$$

显然这个数值越大，拟合的效果也就越好.

第四列 MS 对应的是均方差，它是误差平方和除以相应的自由度得到的商. 第一行为回归均方差 MS_r，即有

$$MS_r=\frac{SS_r}{df_r}=\frac{39.026\ 71}{1}=39.026\ 71$$

第二行为剩余均方差 MS_e，即有

$$MS_e=\frac{SS_e}{df_e}=\frac{0.845\ 388}{24}=0.035\ 224$$

显然这个数值越小，拟合的效果也就越好.

第四列对应的是 F 值，用于线性关系的判定. 对于一元线性回归，F 值的计算公式为

$$F=\frac{R^2}{\dfrac{1}{n-m-1}(1-R^2)}=\frac{df_e\times R^2}{1-R^2}$$

式中，$R^2=0.978\ 798$，$df_e=26-1-1=24$，因此

$$F=\frac{24\times 0.978\ 798}{1-0.978\ 798}=1\ 107.942$$

第五列 Significance F 对应的是在显著性水平下的 F_α 临界值，其实等于 P 值，即弃真概率．所谓“弃真概率”即模型为假的概率，显然 $1-P$ 便是模型为真的概率．可见，P 值越小越好．对于本例，$P=1.34\times10^{-21}<0.0001$，故置信度达到 99.99%以上．

第三部分：回归参数表

回归参数表包括回归模型的截距、斜率及其有关的检验参数（见附表3）．

附表3　回归参数表

Coefficients		标准误差	t Stat	P value	Lower 95%	Upper 95%
Intercept	0.675 373	0.084 296	8.011 927	3.07E-08	0.501 394 797	0.849 351
X Variable	0.595 124	0.017 879	33.285 77	1.34E-21	0.558 223 282	0.632 025

第一列 Coefficients 对应的是模型的回归系数，包括截距 $a=0.675\,373$ 和斜率 $b=0.595\,124$，由此可以建立回归模型

$$\hat{y}_i=0.675\,373+0.595\,124x_i$$

或

$$\hat{y}_i=0.675\,373+0.595\,124x_i+\varepsilon_i$$

第二列为回归系数的标准误差（用 $\hat{s}_a$ 或 $\hat{s}_b$ 表示），误差值越小，表明参数的精确度越高．这个参数较少使用，只是在一些特别的场合出现．例如 L. Benguigui 等人在 *When and where is a city fractal?* 一文中将斜率对应的标准误差值作为分形演化的标准，建议采用 0.04 作为分维判定的统计指标．

不常使用标准误差的原因在于：其统计信息已经包含在后述的 t 检验中．

第三列 t Stat 对应的是统计量 t 值，用于对模型参数的检验，需要查表才能决定．

t 值是回归系数与其标准误差的比值，即有

$$t_a=\frac{a}{\hat{s}_a}\,,\ t_b=\frac{b}{\hat{s}_b}$$

根据附表3中的数据容易算出：

$$t_a=\frac{0.675\,373}{0.084\,296}=8.011\,927\,,\ t_b=\frac{0.595\,124}{0.017\,879}=33.285\,77$$

对于一元线性回归，t 值可用相关系数或测定系数计算，公式如下：

$$t=\frac{R}{\sqrt{\dfrac{1-R^2}{n-m-1}}}$$

将 $R=0.989\,342$、$n=26$、$m=1$ 代入上式得到

$$t=\frac{0.989\,342}{\sqrt{\dfrac{1-0.989\,342^2}{26-1-1}}}=33.285\,77$$

对于一元线性回归，F 值与 t 值都与相关系数 R 等价，因此，相关系数检验就已包含了这部分信息．但是，对于多元线性回归，t 检验就不可缺省了．

第四列 P value 对应的是参数的 P 值（双侧）. 当 $P<0.05$ 时，可以认为模型在 $\alpha=0.05$ 的水平上显著，或者置信度达到 95%；当 $P<0.01$ 时，可以认为模型在 $\alpha=0.01$ 的水平上显著，或者置信度达到 99%；当 $P<0.001$ 时，可以认为模型在 $\alpha=0.001$ 的水平上显著，或者置信度达到 99.9%. 对于本例，$P=1.34\times10^{-21}<0.0001$，故可认为在 $\alpha=0.0001$ 的水平上显著，或者置信度达到 99.99%. P 值检验与 t 值检验是等价的，但 P 值不用查表，显然要方便得多.

最后两列给出的回归系数是以 95% 为置信区间的上限和下限. 可以看出，在 $\alpha=0.05$ 的显著水平上，截距的变化上限和下限为 0.501 394 797 和 0.849 351，即有

$$0.501\,394\,797\leqslant a\leqslant 0.849\,351$$

斜率的变化极限则为 0.558 223 282 和 0.632 025，即有

$$0.558\,223\,282\leqslant b\leqslant 0.632\,025$$

第四部分：残差输出结果

这一部分为选择输出内容，如果在“回归”分析选项框中没有选中有关内容，则输出结果不会给出这部分结果.

残差输出中包括观测值序号（第一列，用 i 表示）、因变量的预测值（第二列，用 $\hat{y}_i$ 表示）、残差（residuals，第三列，用 e_i 表示）以及标准残差（见附表 4）.

附表 4 残差输出结果

观测值	预测	残差	标准残差
1	0.972 935	−0.072 94	−0.396 62
2	1.193 131	0.006 869	0.037 353
3	1.389 522	0.010 478	0.056 979
4	1.627 572	−0.127 57	−0.693 74
5	1.806 109	−0.106 11	−0.577 03
6	1.984 646	0.015 354	0.083 493
7	2.163 184	−0.113 18	−0.615 5
8	2.341 721	0.008 279	0.045 022
9	2.817 82	0.182 18	0.990 7
10	3.055 87	0.444 13	2.415 194
11	3.115 382	0.084 618	0.460 153
12	2.579 771	−0.179 77	−0.977 6
13	2.698 795	0.101 205	0.550 354
14	3.293 92	−0.093 92	−0.510 74
15	3.472 457	−0.072 46	−0.394 02
16	3.889 044	−0.189 04	−1.028 03
17	4.037 825	−0.037 82	−0.205 69
18	4.008 069	0.391 931	2.131 336
19	4.067 581	0.282 419	1.535 803
20	4.186 606	0.153 394	0.834 162

续前表

观测值	预测	残差	标准残差
21	4.424 656	−0.074 66	−0.405 98
22	4.632 949	−0.232 95	−1.266 79
23	4.662 705	−0.112 71	−0.612 9
24	4.870 999	−0.171	−0.929 9
25	4.876 95	−0.276 95	−1.506 06
26	5.019 78	0.180 22	0.980 043

预测值是用回归模型

$$\hat{y}_i = 0.675\ 373 + 0.595\ 124x_i$$

计算的结果，式中 x_i 即原始数据中的自变量．从范例中的原始数据可见 $x_1 = 0.5$，代入上式，得

$$\hat{y}_1 = 0.675\ 373 + 0.595\ 124x_1 = 0.675\ 373 + 0.595\ 124 \times 0.5 = 0.972\ 935$$

其余以此类推．

残差 e_i 的计算公式为

$$e_i = y_i - \hat{y}_i$$

从原始数据可见，$y_1 = 0.9$，代入上式，得

$$e_1 = y_1 - \hat{y}_1 = 0.9 - 0.972\ 935 = -0.072\ 94$$

其余以此类推．

标准残差即残差的数据标准化结果，借助均值命令 AVERAGE 和标准差命令 STDEV 容易验证，残差的算术平均值为 0，标准差为 0.183 889 961．利用求平均值命令 STANDARDIZE（残差的单元格范围，均值，标准差）立即算出附表 4 中的结果．当然，也可以利用数据标准化公式

$$z_i^* = \frac{z_i - \bar{z}}{\sqrt{\mathrm{var}(z_i)}} = \frac{z_i - \bar{z}}{\sigma_i}$$

逐一计算．将残差平方再求和，便得到残差平方和即剩余平方和，即有

$$SS_e = \sum_{i=1}^{n} e_i^2 = \sum_{i=1}^{n} (y_i - \hat{y}_i)^2 = 0.845\ 388$$

附录二

初等数学常用公式（摘选）

一、乘法公式与因式分解

(1) $(a\pm b)^2=a^2\pm 2ab+b^2$

(2) $(a+b+c)^2=a^2+b^2+c^2+2ab+2ac+2bc$

(3) $a^2-b^2=(a-b)(a+b)$

(4) $(a\pm b)^3=a^3\pm 3a^2b+3ab^2\pm b^3$

(5) $a^3\pm b^3=(a\pm b)(a^2\mp ab+b^2)$

二、指数与对数运算

1. 分数指数幂与根式的性质（$a>0$，$m,n\in \mathbf{N}^*$，且 $n>1$）

(1) $a^{\frac{m}{n}}=\sqrt[n]{a^m}$　　(2) $(\sqrt[n]{a})^n=a$

(3) 当 n 为奇数时，$\sqrt[n]{a^n}=a$；当 n 为偶数时，$\sqrt[n]{a^n}=|a|=\begin{cases}a, a\geqslant 0\\ -a, a<0\end{cases}$

2. 指数运算性质（$a,b>0$；$r,s\in \mathbf{R}$）

(1) $a^r\cdot a^s=a^{r+s}$　　(2) $a^r\div a^s=a^{r-s}$

(3) $(a^r)^s=a^{rs}$　　(4) $(ab)^r=a^rb^r$

(5) $\left(\frac{a}{b}\right)^r=\frac{a^r}{b^r}$　　(6) $a^{-r}=\frac{1}{a^r}$

3. 指数式与对数式的互化

$\log_a N=b \Leftrightarrow a^b=N(a>0, a\neq 1, N>0)$.

4. 对数运算性质（$a>0$，$a\neq 0$，$b>0$，$M,N>0$）

(1) $\log_a M+\log_a N=\log_a(MN)$　　(2) $\log_a M-\log_a N=\log_a \frac{M}{N}$

(3) $\log_a b^m = m\log_a b$

(4) $\log_{a^m} b^n = \dfrac{n}{m}\log_a b$

(5) $\log_a 1 = 0$

(6) $\log_a a = 1$

(7) $a^{\log_a b} = b$

(8) $a^{\log_a N} = N$

5. 对数的换底公式（$a>0$，且 $a\neq 1$，$m>0$，且 $m\neq 1$，$N>0$）

$$\log_a N = \frac{\log_m N}{\log_m a}$$

三、数列的通项与求和

1. 等差数列

若等差数列 $\{a_n\}$ 的首项是 a_1，公差是 d，且 $n,m\in N^*$，则

$$a_n = a_1 + (n-1)d = a_m + (n-m)d$$

$$S_n = \frac{n(a_1+a_n)}{2} = na_1 + \frac{n(n-1)}{2}d$$

2. 等比数列

若等比数列 $\{a_n\}$ 的首项是 a_1，公比是 q，且 $n,m\in N^*$，则

$$a_n = a_1 q^{n-1} = a_m q^{n-m}$$

$$S_n = \begin{cases} na_1 \ (q=1) \\ \dfrac{a_1(1-q^n)}{1-q} = \dfrac{a_1 - a_n q}{1-q} \ (q\neq 1) \end{cases}$$

四、排列与组合

1. 排列数公式

$$A_n^m = n(n-1)(n-2)\cdots(n-m+1) \text{ 或 } A_n^m = \frac{n!}{(n-m)!}$$

2. 全排列公式

$$A_n^n = n!$$

规定：$0! = 1$

3. 组合数公式

$$C_n^m = \frac{n(n-1)(n-2)\cdots[n-(m-1)]}{m!} = \frac{n!}{m!(n-m)!}$$

4. 组合数的两个性质

(1) $C_n^m = C_n^{n-m}$

(2) $C_n^m = C_{n-1}^m + C_{n-1}^{m-1}$

5. 二项式定理

$$(a+b)^n = C_n^0 a^n + C_n^1 a^{n-1}b + \cdots + C_n^{n-1}ab^{n-1} + C_n^n b^n$$

五、基本初等函数的导数公式及运算法则

1. 基本初等函数的导数公式

(1) $(C)' = 0$（C 为常数）

(2) $(x^{\mu})' = \mu x^{\mu-1}$ $(x>0, \mu \in Q)$

(3) $(\sin x)' = \cos x$

(4) $(\cos x)' = -\sin x$

(5) $(a^x)' = a^x \ln a$ $(a>0$，且 $a \neq 1)$

(6) $(e^x)' = e^x$

(7) $(\log_a x) = \dfrac{1}{x\ln a}$ $(a>0$，且 $a \neq 1)$

(8) $(\ln x)' = \dfrac{1}{x}$

2. 导数运算法则

(1) $[u(x) \pm v(x)]' = u'(x) \pm v'(x)$

(2) $[u(x)v(x)]' = u'(x)v(x) + u(x)v'(x)$

(3) $\left[\dfrac{u(x)}{v(x)}\right]' = \dfrac{u'(x)v(x) - u(x)v'(x)}{v^2(x)}$ $(v(x) \neq 0)$

六、函数的单调性与极值

1. 函数的单调性与导数

设函数 $y = f(x)$ 在某个区间 (a,b) 内可导：

(1) 如果 $f'(x) > 0$，则 $f(x)$ 在区间 (a,b) 内为增函数；

(2) 如果 $f'(x) < 0$，则 $f(x)$ 在区间 (a,b) 内为减函数．

2. 求单调性的步骤

(1) 确定函数 $y = f(x)$ 的定义域（不可或缺，否则易致错）；

(2) 解不等式 $f'(x) > 0$ 或 $f'(x) < 0$；

(3) 确定并指出函数的单调区间（区间形式，不能用“$\cup$”连接）.

3. 极值

(1) 如果 $f'(x)$ 在 x_0 两侧满足“左正右负”，则 x_0 是 $f(x)$ 的极大值点，$f(x_0)$ 是极大值；

(2) 如果 $f'(x)$ 在 x_0 两侧满足“左负右正”，则 x_0 是 $f(x)$ 的极小值点，$f(x_0)$ 是极小值.

参考文献

REFERENCE

[1] [美] Thomas L. Pirnot. 身边的数学 [M]. 吴润衡，等，译. 北京：机械工业出版社，2011.

[2] 刘洪宇. 经济数学 [M]. 北京：中国人民大学出版社，2012.

[3] 人民教育出版社课程教材研究所，中学数学课程教材研究开发中心. 普通高中课程标准实验教科书·数学3（必修）[M]. 北京：人民教育出版社，2004.

[4] 人民教育出版社课程教材研究所，中学数学课程教材研究开发中心. 普通高中课程标准实验教科书·数学3（选修）[M]. 北京：人民教育出版社，2006.

[5] 盛光进. 经济应用数学 [M]. 上海：上海交通大学出版社，2008.

[6] 刘淑环. 数学方法与应用 [M]. 北京：清华大学出版社，2008.

[7] [美] David Freedman. 统计学 [M]. 魏宗舒，等，译. 北京：中国统计出版社，1997.

[8] 陈希孺. 数理统计引论 [M]. 北京：科学出版社，2007.

[9] [日] 结城浩. 程序员的数学 [M]. 管杰，译. 北京：人民邮电出版社，2012.

[10] [美] Kenneth H. Rosen. 离散数学及其应用 [M]. 袁崇义，等，译. 6版. 北京：机械工业出版社，2011.

[11] 耿素云，屈婉玲，张立昂. 离散数学 [M]. 3版. 北京：清华大学出版社，2004.

[12] 周誓达. 线性代数与线性规划 [M]. 北京：中国人民大学出版社，1997.

[13] 姜启源，谢金星，叶俊. 数学模型 [M]. 北京：高等教育出版社，2003.

[14] 李明. Excel统计分析实例精讲 [M]. 北京：科学出版社，2005.

[15] 阮婧. 应用高等数学（经管类）[M]. 大连：大连理工大学出版社，2016.

[16] 张孝理. 高等数学（经管类）[M]. 北京：高等教育出版社，2014.

图书在版编目（CIP）数据

应用数学基础/阳永生，戴新建主编．--2版．--
北京：中国人民大学出版社，2021.6
21世纪高职高专规划教材．公共课系列
ISBN 978-7-300-29521-3

Ⅰ.①应… Ⅱ.①阳… ②戴… Ⅲ.①应用数学-高
等职业教育-教材 Ⅳ.①O29

中国版本图书馆CIP数据核字（2021）第120317号

21世纪高职高专规划教材·公共课系列
应用数学基础（第2版）
主　编　阳永生　戴新建
副主编　汤　燕　黄玉兰
Yingyong Shuxue Jichu

出版发行	中国人民大学出版社		
社　　址	北京中关村大街31号	**邮政编码**	100080
电　　话	010－62511242（总编室）		010－62511770（质管部）
	010－82501766（邮购部）		010－62514148（门市部）
	010－62515195（发行公司）		010－62515275（盗版举报）
网　　址	http://www.crup.com.cn		
经　　销	新华书店		
印　　刷	唐山玺诚印务有限公司	**版　　次**	2017年8月第1版
规　　格	185 mm×260 mm　16开本		2021年6月第2版
印　　张	12.5 插页1	**印　　次**	2021年11月第2次印刷
字　　数	266 000	**定　　价**	34.80元

信息反馈表

尊敬的老师：

您好！为了更好地为您的教学、科研服务，我们希望通过这张反馈表来获取您更多的建议和意见，以进一步完善我们的工作。

请您填好下表后以电子邮件、信件或传真的形式反馈给我们，十分感谢！

一、您使用的我社教材情况

您使用的我社教材名称			
您所讲授的课程		学生人数	
您希望获得哪些相关教学资源			
您对本书有哪些建议			

二、您目前使用的教材及计划编写的教材

您目前使用的教材	书名	作者	出版社
您计划编写的教材	书名	预计交稿时间	本校开课学生数量

三、请留下您的联系方式，以便我们为您赠送样书（限1本）

您的通信地址			
您的姓名		联系电话	
电子邮箱（必填）			

我们的联系方式：

地　址：苏州工业园区仁爱路158号中国人民大学苏州校区修远楼

电　话：0512-68839320　　传　真：0512-68839316

网　址：www.crup.com.cn　　邮　编：215123